ADHD or Dyslexia?
Resilient Parents.
Resilient Children

¿Tdah o Dislexia?
Padres resilientes.
Hijos resilientes

Katharine Aranda Vollmer

ADHD or Dyslexia?

Resilient parents. Resilient children.

KATHARINE ARANDA VOLLMER

Library of Congress Control Number: 2018912955
ISBN: Hardcover   978-1-5065-2726-0
          Softcover   978-1-5065-2725-3
          Ebook   978-1-5065-2724-6

Print information available on the last page.

Rev. date: 28/02/2019

To order additional copies of this book, please contact:
Palibrio
1663 Liberty Drive
Suite 200
Bloomington, IN 47403
Toll Free from the U.S.A 877.407.5847
Toll Free from Mexico 01.800.288.2243
Toll Free from Spain 900.866.949
From other International locations +1.812.671.9757
Fax: 01.812.355.1576
orders@palibrio.com
754022

CONTENTS

Katharine Aranda Vollmer, of Mexican nationality, was born in Mexico City in 1970. She has worked as a teacher since 1989 when she had her first opportunity to work as a music assistant.

From that moment she knew that her vocation was to teach and to take advantage of every opportunity to learn to improve professionally. She studied the Bachelor's degree in preschool, took a first aid diploma, as well as the certificate for teaching English as "Teacher's certificate".

For her own interest, to bring a better family dynamic, she took the diploma in Game Psychotherapy as a tool for managing and treating emotional problems in children, as well as the license as a facilitator in the Davis® dyslexia method.

Regardless of her teaching work or as a Davis® facilitator, Katharine has made several books with the intention of fostering learning in preschool-age children. More to come, always willing to undertake.

To my family, which drives me out of my comfort zone and to try new projects that enrich my life. I love you so much. Thank you, thank you, thank you...

K.A.V.

ADHD or DYSLEXIA? RESILIENT PARENTS. RESILIENT CHILDREN

This book is written with all my love to share what I, from my own experience, have had to live as a mother, teacher and Davis® facilitator.

As I listen to other parents tell me about their journeys through therapies, doctors and diagnoses, I realize how much the stories and concerns coincide when one of our children begins to have learning difficulties, be it attention deficit, dyslexia, dyscalculia, dysgraphia, hyperactivity, or ADHD (attention deficit hyperactivity disorder). As parents, we want to help them, however, the fact of having educational knowledge or even being an expert in the subject does not exempt us from being completely in hands of doctors, therapists, teachers and school directors, and be subject to their guidance.

It is a fact that, the younger a child receives help adequately focused on his/her learning problem, the easier and less traumatic his/her school experience will be. I discovered that with my youngest daughter, whom I was able to detect and direct to the appropriate program from a young age. What I learned is that all help is always going to be good, however, it is very important to be aware that if, despite a year of therapy, the progress is slow, then this can be an indicator of an incomplete diagnosis, or that the symptoms profile can be confuse. This is something more common than one believes, and although I would love to point out some culprit, the truth is, that the only thing that matters is the well-being, self-esteem and the acquisition of resources that enable our children to successfully approve the school year. None of these learning difficulties are erased, disappear or are cured, I can only recommend that the child receives therapy and a skills program that teach him to pay more attention and help him acquire the necessary skills according to his age.

I always recommend visiting a neurologist as the first step aimed at finding the support required for any child with these learning difficulties.

CHAPTER 1

2004 Comprehensive Cognitive Support Program

At the age of four, my daughter undertakes her first Development Evaluation. They determine that her level of cognitive functioning is discreetly below average, as well as problems in expressive language, which significantly limit her ability to deal with the academic, family and social demands of her age. There is also a decrease in her attention resources, which significantly affect the continuity with which she performs the tasks that are requested of her.

Lucia starts on May 3 a Comprehensive Cognitive Support program. She attends her appointments punctually and constantly in the afternoon to follow the program. A dialogue is established with parents and teachers to follow up on her evolution. At the same time, Lucia continues with her language therapy at school.

On September 26 of the same year, an assessment interview is held, where her teachers comment that the evolution of the girl has been favorable. Her attention spans are what correspond to children of her age, and her ability to respond to school activities is also within the expected parameters. Likewise, it is commented that in the area of expressive language, the advances are significant. Considering that the girl's functioning level is within the average range, the suspension of cognitive support is considered, but language therapy must continue. It is also suggested to continue communication between the teachers and her parents, for monitoring purposes, so that, if necessary, the management considered appropriate for the comprehensive development of the child is resumed.

2006 Development Appraisal

The reason for the consultation is because the school that Lucía attends, asks that this assessment be done, because they notice a motor concern, attention problems and difficulty in responding to the demands of her age, especially in the academic field. Apparently, she is anxious and tense when she realizes that reading and writing is difficult for her. At school she is noticed restless and with a certain immaturity. Lucia comments that "she has no friends to play with".

That is why a Development Appraisal is carried out, where through different exams and instruments, her progress is evaluated, and her level of maturity is measured. Obviously focused on what is required within the classroom.

The following are the instruments they mention having used for this evaluation:

1. Clinical Development Appraisal
2. Baby Bender
3. Visual-Motor Gestalt Test by Lauretta Bender
4. Rey's figure for children

5. M. Frostig Development Test of Visual Perception
6. Phonemic Discrimination Test
7. Articulation Test
8. Articulation tests for preschoolers
9. Test of Linguistic Exploration
10. Psychomotor Test for Preschoolers
11. WISC-R Intelligence Scale for Children, by D. Wechsler
12. Edgar A. Doll Competencies Scale
13. Literacy Test
14. Test of the Human Figure

When performing the evaluation and analyzing the results, they observed that she has attention issues, is restless at the motor level, impulsive, is little tolerant towards frustration, despairs when the activity is difficult and shows problems to accept behavior limits.

They also realized that it is difficult for her to respond differently to the stimuli of her environment. Even in a one-to-one relationship, distracted even with the support of external language.

She presents macrography, which means that her typeface is large for the requirements demanded by the school, where they need her to adjust to the line.

Another of the observations was that she excelled in reproducing a three-dimensional model, achieving a performance above the average.

She has difficulty pronouncing certain syllables (cr, gol, tl, among others) even so, her speech is spontaneous and productive, however, she loses continuity due to a difficulty she has in organizing her ideas.

Also, in their evaluation they mentioned that when faced with a complex stimulus, she remembers the total of the stimuli, but it is difficult for her to integrate them in their context.

When it comes to school skills, Lucia has difficulty in the discrimination of form and visual integration. Likewise, she has a significant attention deficit and it is difficult for her to perform the multisensory information procedure. This explains the difficulty she has regarding literacy.

The findings of the assessment were the following:

Lucía is a girl with an Intellectual functioning of 119, which places her in the diagnostic range of Normal Brilliant. When qualitatively analyzing her profile, it is found that the structuring of her verbal thought follows the expected course of development. However, in the visual-perception area she shows difficulty in carrying out processes of form discrimination and integration. Regarding the visuomotor activity, the quality of her stroke is significantly lower than that expected for her age. Likewise, she is having trouble in performing the integrated processing of verbal, visual-perception and spatial information. This, together with the fact that she has a clinically significant Attention Deficit, explains the difficulty she has in acquiring literacy and numeracy.[1]

On the other hand, in the affective-behavioral area, Lucia is projected as an impulsive girl, little tolerant towards frustration and with difficulty in following behavioral limits. Socially, they also found that her performance was not fluid as she demanded that her wishes be met immediately.

Given that they determine that she has Attention Deficit Disorder, they recommend a multidisciplinary approach with assessment by a specialist in Pediatric Neurology.

When the Clinical Psychologist explains the results she never mentions the importance of a medical assessment, she approaches the results offering me a program with one of her therapists to give Lucía a boost in her development, emphasizing the Attention Deficit Disorder. It is as if Lucia had her five senses in the highest volume. She perceived a simple pin drop and this distracted her from the class; now that, if there was a lot of noise, it was also a factor that completely altered her, but that, through a program as complete as hers, she was going to learn to manage her disorder and that in what was denoted immaturity, - because not all children develop at the same time - she would be able to catch up in terms of maturity and development like the other students, therefore, most likely she would improve in her social environment.

I was going to have to take my daughter for at least one school year, during which I would attend two afternoons per week for one hour; and later, in six months they would notify me of her progress.

It sounds good, right? I just hoped that everything went according to the forecast. And we started going to her therapy twice a week.

Notes on the purpose of each instrument used in the development appraisal.

Instruments applied during her Development assessment with the Psychologist Alicia Flores López, clinical psychologist at the *Centro de Diagnóstico y Rehabilitación Neuropsicopedagógica, S.C.*

Ontario's Visual-Motor Maturity Test

Visual-motor coordination is the ability to coordinate vision with the movements of the body. It is a skill related to writing, so its correct development is very important. In this test, you are asked to reproduce circles, cross lines, perpendiculars, squares and triangles, as well as other geometric figures.

Baby Bender

It measures the maturity in the visual-motor perception in small children, as well as the memory, what it copies and how much it memorizes; depending on how far it advances, you can assess what level of development of this skill has been achieved.[2]

Gestalt Visual-Motor Test by Lauretta Bender

This test measures the maturity in visual-motor perception in children and adults, as well as emotional indicators that may be intervening in their abilities and development. It also includes other exercises that allow the evaluation of attention, copy skills (visual-motor), as well as memory.[3]

Rey Figure for Children

The test of copy and reproduction by memory of complex geometric figures of Rey was designed initially by André Rey with the objective of evaluating the perceptual organization and visual memory in individuals with brain injury. Later, it was used to assess other types of pathologies and, currently, it is a tool widely used in neuropsychological evaluation and, sometimes, also used in the evaluation of Attention Deficit Hyperactivity Disorder.

In the case of children with ADHD, the test assesses the level of intellectual development and the perceptive-motor level. This test will give us indicators on how they approach and organize the information they receive, their memory and their style of visual processing, as well as the mistakes they make in the process.[4]

M. Frostig Evaluation of Visual Perception

Evaluates the abilities of visual perception, fine motor skills and visual motor integration involved in the reading and writing process. It also observes visual-motor coordination, position in space, figure-background, visual closure, etc.[5]

Phonemic Discrimination Test

Test that measures the auditory perception, this means being able to recognize sounds and attribute a meaning to them, as well as the pronunciation of the phonemes (the sound of each letter, and therefore the comprehensible pronunciation of the words).

Articulation Test

Measure how each sound or phoneme is articulated, as well as breathing, breath mastery, Bucco-linguo-labial ability, rhythm, auditory discrimination, phonetic discrimination, phonetic discrimination of drawings, spontaneous language (keeping a conversation pleasant and understandable), reading, writing (dictation of phonemes that evidence auditory and phonetic discrimination).

Articulation Test for Preschoolers

This test aims at measuring the phonetic, auditory and sound discrimination, according to the established ranges within what is expected for a preschooler who is still in the process of acquiring the necessary skills within the language and the discrimination of sounds. In this test you can measure which syllables are difficult to pronounce, and in which position of the word this difficulty appears (at the beginning, in the intermediate position or in the final position).

Test of Linguistic Exploration

This test also yields results of a child's communication ability, at preschool age and according to their age, their understanding of what is asked or understood, as part of this same ability, as well as ability to understand and follow instructions, establish a verbal exchange and express ideas.

Psychomotor Test for Preschoolers

These are tests that allow you to see in what area of development the child is, in what refers to movement, muscle tone, as well as the relationship that is established between the child's psychic activity and the movement capacity or motor function of the body.

WISC-R Intelligence Scale for Children, by D. Wechsler

Intelligence test (Intellectual Coefficient), memory (short and long term, working memory), speed of thought, attention, information, comprehension, capacity for analysis and synthesis, as well as language.[6]

Edgar A. Doll Competencies Scale

This test measures the competencies that are required for school life, both thinking, physical, coordination, as well as social. It allows you to know what competencies represent key strengths, according to the age and based on the scale of development, which need strengthening to perform successfully in school.

Literacy Test

To read and write certain physical and mental skill must be developed in the child, from the movement of the stroke, as well as the view to follow the line and what is expected of him at the time of being in the classroom, from copying from the board, to drawing letters, later words and dictations. The ear is also needed, how it processes what it hears in order to capture it on paper. These tests are exercises where you can evaluate how he/she takes a pencil, see his/her muscle tone, if grip is strong or it lacks muscle tone to hold the pencil properly, to eye-hand movement to perform these activities, as an example.

Test of the Human Figure

The way in which a child realizes the human figure, to be within the expected development parameter of a preschooler; which means that we cannot ask a child to draw as an adult, however, there are certain features that are expected to be in the drawing, and that can indicate relevant emotional states.

What is sought in all these tests?

All these tests show results where strengths can be appreciated and what still needs to be developed can be noticed, both skills and the physical and mental development of a child. The psychologist Daniela Martinez Reyes, clinical psychologist, also explained that depending on all the results, these tests indicate what needs to be reinforced within the learning abilities and skills, if you have an attention deficit, dyslexia, etc. The exams yield results and charts that are subject to the interpretation of the psychologist who performs them.

This evaluation is a very complete and necessary tool to know and understand everything that a child is, how he/she behaves, at what level of development he or she is, what skills he/she has and which he/she still lacks or need to be stimulated to reach the average level and what therapy must be followed; with what strategies they will start and as they work, what symptom or skill becomes a passing detail that no longer causes conflict in the development of the child. However, although it is always good to carry out a development appraisal like this one, it is important not only to rely on the interpretation as if it were a laboratory result, since it depends on the interpretation capacity of the person performing it, as well as on the ever-changing evolution of your child.

CHAPTER 2

Progress Report

One month before the school year ended, I received the progress report of the work done during the multidisciplinary program that Lucía attends twice a week for one hour in each session.

Lucía goes to the clinic for attention problems and difficulty to have an average school performance. Likewise, it is mentioned that she has difficulty relating to her classmates. When analyzing her cognitive functioning, it is observed that in the visual-perception area she has difficulty in carrying out processes of discrimination of form and integration. Regarding the visual-motor activity, the quality of her treatment is significantly lower than that expected for her age. She has difficulty in carrying out the comprehensive processing of verbal, visual-perceptual, spatial and visual-motor information, which affects the structuring of literacy.

The result of the educational psychology and behavioral support program is carried out through a clinical impression. In the report, they determine that the benefit of the treatment received is evident. It is important to mention that in the clinical scan of May 2007, she was not very cooperative.

In the area of visual-motor coordination she has had favorable progress. In terms of attention, although in the one-to-one relationship she shows better performance, when free activity is allowed, her performance decreases significantly. With regard to reading, writing and calculation she shows improvement, but still comes to omit letters and requires times discretely longer than average.

In the affective-behavioral area, she is still restless at the motor level, with low tolerance towards frustration and difficulty in analyzing the consequences of her behavior.

Throughout that year, I had to drive 40 minutes one way and 40 minutes back, twice a week. My attitude was to make the driving experience as nice as possible for my daughter, I bought a television for the car, I had a lunch for the way back, because I noticed that she was always exhausted after each session.

As the months went by, whenever I picked up my daughter, I would say hello and ask the therapist how the work had been that day, and although she was very kind, she used to complain that Lucia did not want to work, that it was difficult to convince her to do her job. To all this, I tried to talk to my daughter and ask her to complete her work with enthusiasm, but after hearing the same complaint for a few months, my response with the therapist was to tell her that she should take charge of inspiring my daughter in her work, since I complied with what belonged to me as a mother: take her rested, well fed and on time. Along the way, we sometimes talked and really, from that age, I became my daughter's coach, looking for every day words of encouragement to make her work with enthusiasm.

Of course, it was very discouraging, not just for Lucia, but also for me, that the therapist would always come out and complain that Lucia did not work well, that she was apathetic to perform the activities. This was also a complaint in the classroom at the second grade of kindergarten during the mornings, which was when she attended; which leads me to conclude that the schedule was not the problem of Lucia's apathy, which did not occur at home. I only handled routines that did not cause complications, and, for the rest, Lucia was and is a sweet girl who got along well with her sisters. The only thing that did happen, and that coincided with the teacher's complaints, was that she was a girl who cried easily.

At school, in addition to crying for everything, whether because of scolding or frustration because of the school work that was difficult for her because of her lack of attention, she began to be labeled by her classmates as the "weeping girl" and, therefore, there were girls who no longer wanted to play with her and rejected her.

During that school year, I was also informed by the teacher that on some occasions, when Lucía got angry, she had some terrible tantrums and did not control herself when answering.

Up to that point in my life, I had never witnessed the famous annoyances that teachers or therapists described as a behavior problem. Over time, I understood that there was no difficulty or conflict at home, so those situations did not happen, until one day when she invited a friend to eat and play in the afternoon, I saw her in action, in all her splendor of pure anger against her friend for not doing what she wanted, she never hit her, and until now she is not an aggressive girl, but her displeasure was disproportionate. I really had never seen her like this before. However, I have to admit that I was reflected in her like a mirror. When I reprimand one of my daughters, I usually do not mix my feelings, but I do raise my voice and use a very hard tone to say that what she did was wrong. However, seeing my daughter scold her friend in the same way made me rethink the way she sees me when I am the one that is reprimanding, and I did not like the way she did it. I also understood what she was like in the classroom, I began to glimpse a bit of the full potential for anger, as well as the reaction to the frustration that the teacher talked so much about.

On the other hand, when it comes to her aspect of deep sensitivity, an undeniable part of her personality, a huge tenderness could be felt when seeing how she got involved with total empathy when there was a crying child, how she sang to a friend's baby, but also how she cried or enjoyed any emotional story. The problem was that as a child it was sweet and moving to see how she reacted to the story, whether on TV or in the theater. She came to interrupt a play because the character sang very beautiful and she, from her place, began to sing at the top of her lungs; It is worth mentioning that it was the success of the theater and everyone applauded her. But on another occasion, when we went to the movies to see the Monsters Inc.[7] – as you might remember, there is a moment when Sully's character makes Boo cry with fear. My daughter, sensitive and empathetic, had a deep reaction to this scene, and you can imagine the screaming and crying of my girl in the movies, they were so strong, they surprised everyone.

This is how a highly sensitive personality began to emerge, every time she saw a movie, although the years went by, it remained the same, very inserted into the story, enjoying to the maximum each scene, episode or story, but without limiting her expressions of feelings and without sparing tears and, sometimes, cries of anger or nervousness.

The television absorbed her completely, if a character suffered, it was inevitable to see her completely upset by what happened and crying a sea of tears; in short, it was something usual, but it was increasing, managing to worry all of us who lived with her, since her extreme sensitivity already included any situation that surrounded her, it was no longer limited to the history of television or film, also it covered everything from losing a toy, her sister looking at her in a rare way, or that the cousin would not play with her, but with her sisters, etc. And so many tears weighed on the relationship and harmed family life.

Of course, I worried a lot about those reactions, but I did not know how to handle that sensitivity, if she is like that, I do not believe in restricting her personality, but rather to find a solution so that she could learn to manage her emotions and not cause more problems.

At that time, on a family outing, I let my daughters paint on easels cartoon characters with the help of paints and brushes. That day we discovered a new aspect in her, while her sisters quickly painted their drawings and handed them to me with the paint still dripping; she took her time to complete it, she was focused on what she did and enjoyed it; so I looked for painting classes, because I noticed that Lucía managed to relax when painting; It was one of the few times I saw her enjoy an activity without stress.

But, although it was an extracurricular activity that for many years I fostered in it, it was not enough. Definitely, it is very important for a child suffering from academic stress to have an occupation that helps him/her balance his/her level of frustration and find an activity in which he/she stands out and makes him/her feel that what he or she does is well done; and not to remain only with the grade that teachers give at school as the only personal incentive.

We also encourage extra classes of some sports, being outstanding in tennis and golf, for demonstrating good coordination. Thus, over several years, we always looked for an activity outside of school, for her to realize her real skills and abilities, and so that she could see that maybe it was not in her to write fast, but that she was quite good for sports or the arts.

At that time, they also recommended a therapy to replace the previous one, with a learning development program once a week, as well as psychomotor exercises another day, and which could be done with her two sisters, with the intention to stop making Lucia feel that she was the only one who needed help. Thus, based on an evaluation where they determined that Lucia needed exercises to develop her attention span, we began to work with Mariana Buschbeck[8] in learning therapy. Every Monday, the three girls attended a program called *"Estiralunes"* (something like: stretchy Monday) where they were very excited to do various exercises, which for them were like gymnastics, but they had motor-skills target; which, even if they did not have learning problems, would help them improve their motor coordination and, therefore, even their writing. On Thursdays, Lucía attended the learning strategies program by herself, which she required for her own development, as well as to stimulate those skills she still lacked to reach the level of her classmates.

A few months later, I was called by the educational psychologist Mariana to inform me about the follow-up of Lucía's development; with notebook in hand, she showed me the progress in some respects such as memory, where progress was significant and in others, such as attention times with good progress, but not as noticeable as the other. Reading comprehension as well as speed and diction were areas where there was improvement, but a slow advance, and in mathematical concepts it was the same.

What the psychologist explained to me was that it was very normal that her progress was slow, since she was just beginning to advance in areas that her classmates already had dominated and she, due to the immaturity of her development, coupled with attention deficit, was hardly beginning to master certain skills and necessary strategies, but that it was still going to take time to be at the same level as her peers.

All children have different levels of development, each one has its own rhythm, and it is important not to force them, but to stimulate them. They say that Albert Einstein started speaking after he was three years old; so my work, both with Lucía and the other children, has been based on understanding that, although there is progress in therapy, it is just the beginning of their development and still needed to follow this path with constant work and patience.

CHAPTER 3

Looking for a New School

Because of vomiting episodes that my daughter presents day after day, I ask for an appointment with the pediatrician, we decided to discard possible reasons for her reaction. The first thing is to send medicine to treat her stomach for a possible gastritis and diet. I spoke to him about my concern that it could be a hiatal hernia, since in my family, my father and two brothers had that problem, so we left analysis pending if Lucía keeps throwing up.

A hiatal hernia is the result of the ascent of a part of the stomach through the diaphragmatic hiatus to the thorax. It is usually congenital and can affect people of any age, although it is more frequent in adults. Based on the symptoms, the doctors determine if a test is necessary through laparoscopy. The symptoms are usually the regurgitation of the contents of the stomach into the esophagus producing a more or less serious irritation of the stomach mucosa by gastric acid, such as burning, chest pain, difficulty in swallowing, regurgitation, belching and coughing. [9]

First, the doctor must listen to the symptoms the patient refers to. In this case, my daughter only had burning, regurgitation and belching, so he decided not to advance in other tests to rule out a simple nervous gastritis. If the treatment for gastritis was not effective, it would have been normal to continue with a radiograph with contrast medium or a laparoscopy.

This is how I decide to request an appointment with the pediatrician to rule out physical health reasons for which Lucía vomits frequently. I dedicated my time to search and visit all the schools, since at the moment when the doctor starts treating her for nervous gastritis, I reconsider, together with my husband, the choice of my daughter's school; where they always complain about her. The teachers do not know how to help her, and they only ask me to take her to therapy, but they do not commit to making any extra effort in the classroom. In addition, although I asked her teachers and the principal not to compare her with her twin, let alone ask her sister to remind Lucía to carry out her duties and homework, teachers usually involve the twin; these are factors that definitely make me go after a few days in search of another school for my daughters. I know that not all schools are for all children, and not all teachers are bad if the system is not right for one of our children; however, in this particular case, although I asked for an appointment with the principal and I sent her the complaint about the treatment of my daughters, since it is not pedagogical for the English teacher to use the twin sister as a way to put pressure on Lucía so that she fulfilled her tasks and obligations, despite all my efforts to ask not to involve the sister, the teacher ignores me and continues with the same attitude. The principal only shows concern for the reputation of the school and not for the wellbeing of the girl.

In the years that Lucía has been in that school, I have noticed that no teacher knows what to do with her or how to treat her, which leads me to seriously question what teachers do in their meetings and trainings to update their work; because since kindergarten I, preprimary, and first grade, I still find myself with the same problem. In those three years, I always asked the department of educational psychology of the school to carry out tests and proposals to work together, but I am not heard; even when it is a private school for which my husband and I pay every month.

At that time, I also fell into the game of supervising my daughter's schoolwork and her notes, questioning her twin sister about everything that happened to both at school with teachers, friends, etc. I also spoke with all the parents of the school-class and with other teachers of the school, even if my daughter had not been in their groups.

With all this, I understood that it was not the best school for my daughter, and when her twin sister also asked me to change schools, I understood that the change had to be for the three girls, even though the youngest one was very happy.

For this reason, I took on the task of going through all the schools that are close to my house, even those that are not so close, even if they are institutions which name I would not like, or which I "believed" were not ideal or like the school which I attended. I heard new proposals and I did not close myself to any possibility. I was no longer looking for a school that was only for girls, or bilingual, religious or not, traditional or not, I requested appointments for information, warning beforehand, the attention deficit that my daughter had, so as to decide if it was worth it that she made an admission test and knew the position of the school regarding students with school problems like my daughter's, overcoming a fear that, from the outset, they would tag her as a problem girl.

Today, many parents come to me asking what school I recommend for their children, given that I have had the opportunity to learn about many institutions, deal with and talk to principals and teachers of all grades, I still recommend that they do what I did in my time, go through and do research about all the schools, because in the end, it is a personal or family decision, which I do not have the power to take for the parents, besides that each family is different from mine, with some similar situations or similar values that can make us believe that the solution is the same school or the same decisions; however, each case, with its differences, makes them unique so I can only tell all parents where I have noticed better acceptance, but that they, as parents, still have the last word in that choice.

What happened in my search? I found schools that offer beautiful facilities, where therapies are not regarded as a solution to school or learning problems, but extracurricular activities proposed within the same facilities, to help children with school problems. It sounds excellent, however, in my particular case, having my daughter until 6:00 pm in tennis, chess, painting lessons, etc., being that we, as a family, attend a sports club that we usually use in the afternoons for sports activities such as those proposed by the school, on the one hand, involved a waste of money, and on the other hand, we valued that we preferred to do the same activities, but as a family. Now, if another family, where both parents work, does not have time or does not have access to a place for sports activities, it is an ideal option for them and for that child.

I went to a well-known school with the system inspired by the psychologist Jean Piaget, recognized for his constructivist theory of learning, based on the characteristics of each stage of children's intelligence development, which means, in summary, that the infant interacts with the environment, ensuring that it is favorable, to take the given learning and build their own knowledge about it.

What happens today in schools? This pedagogical current came into vogue, and even the Ministry of Public Education has requested that all teachers, both in private and public schools, work in the classroom through skills, stimulating constructivist learning. It is proven that this method or pedagogical system is more effective, because living, experimenting and manipulating knowledge is more effective than simply staying in a repetitive system, where you can only count on your memory and attention at the moment of learning.

Definitely, I believe in that system and in many others that arise from the basis that each child is different, his way of acquiring knowledge is unique, but enriches others, because through play, interaction and experimentation, the child learns with greater enthusiasm, managing to open up and better understand concepts, even abstract ones; for example, a student who understands and exposes his / her classmates to a specific topic, through a presentation, can help another student who does not understand this concept to understand it, since the one explaining it is a child just as he / she, and uses words according to his age and ability to understand.

And if the student has attention deficit, the probability of achieving a significant learning is greater, since if we consider that normally his problem is to have his senses to the maximum, causing that everything he perceives relates to an image in his mind, that distracts or confuses him and moves him away from the subject that the teacher is presenting (speaking of a traditional system). However, if we place the same student in a class situation focused on constructivism or competencies, where not only the subject is given looking for the information to arrive through one way, but in addition to listening, you can see, and experience said presentation, looking for colors to be attractive, simple words and according to their age, the result is much more effective.

Sadly, many schools claim to be within constructivist or competency systems, but, they do not follow them and are totally dependent on the teachers and their efficiency to transmit knowledge, but if in the next grade level, the same method used by the previous teacher is not followed; the progress achieved is lost. Something I learned from this search was to ask how they prepare the teachers, if they all observe the same methodology, because when asking for information, everything sounds very attractive and the professors are very competent, but, they cannot handle the purpose of the method, as it varies due to lack of preparation among teachers.

Take note, parents, the school that I chose for my daughters, I chose it while being aware the flaws, I spoke with parents who were not happy with the methodology or the system. I had the opportunity to speak on the phone with the teachers, to know what is required for them to work there, how they prepare themselves, and how they manage for each teacher to give their lessons using the same methodology. What I loved was knowing that the school seeks to solve problems that arise, where the department of educational psychology is involved in collaboration with the parents of the child and, to achieve an efficiency in the preparation of their teachers, they are forced to take a course at a prestigious university in the city, where throughout a year they take a teaching program based on the constructivist methodology, being subject to look for another job if they do not meet the essential requirements to approve the course.

However, I am aware that just as each student is different, the same happens with teachers, and even if they study the same method, it is obvious that they will apply it differently, however, the fact that they have all the facilities to work under a methodology that allows each student to learn in a more experiential or constructivist way, as well as the tools and knowledge necessary to achieve that goal, the variants in their particular method do not affect the result, achieving the required success.

And if we consider that the qualification method is not only an exam, but the sum of the exam plus their participation, tasks, presentations or class work, as well as excursions and the use of technological advances for pedagogical purposes, it can help a student with attention deficit or dyslexia to have a greater opportunity to demonstrate the knowledge acquired. Of course, these aspects become compulsory questions when you are looking to find the ideal school for your child, as I did when traveling through schools and comparing answers. Do not just talk to the person giving information, but also ask who knows teachers within that institution and question everything.

Another important item to consider and be aware of, is that my daughter is not always going to be the teacher's pet; but in the end, for me it is very important that they intend to make her thrive, and if, for some reason, they are not compatible at all – which has never happened to this time - it is very important for me to know that I have the option to change my daughter's group, because schools that only have one class per grade do not give this opportunity and there even are schools that do not believe in those needs.

When I say it is important to deal with people beyond those at the front desk in the school, it is because it happened to me once in one of the schools I visited; when asking about their standing regarding attention deficit in students, the first thing that the person giving information asked me, was if my daughter was medicated, because then they could not accept her. Afterwards, I learned that said school was a super-personalized school which greatly helps and collaborates with children on some educational issues; however, and even if my daughter was not medicated, the comment left me with a bitter aftertaste thinking that if the first person I meet tells me my daughter would not be accepted like that; then I could certainly face problems later if, for any circumstance, she needed medication and the school decided they could no longer have her. The negative attitude of this employee was completely contrary to that of the school, but because I did not speak to anyone else, in or outside the institution, I was left with the impression of a secretary or receptionist with no basis on educational psychology or authority whatsoever to take decisions on a matter like this.

I also mention that, in all my years using the Davis® methodology, I have never had to assist any student from said school with dyslexia or attention deficit, although I know kids with these problems, I am aware that the school has its own methods to assist students, therefore parents have never needed to seek help outside the institution. This leaves plenty to ponder regarding the efficiency of my search.

I also requested information in the only school there was at that time, where support to children with school problems was evident. It was explained to me that, even when not all students had problems, they did receive certain number of students with these features in each grade, considering that students with attention deficit or dyslexia are not problem kids, but rather kids with different learning styles, but that for the sake of the group they mixed students with different capabilities, minimizing the amount of students with dyslexia and attention deficit in order not to overburden the teacher and give students additional support during class hours with a special program by specialized educational psychologists. It is also worth mentioning that they receive from two to four "shadow" students, so called because these students are those who cannot be alone and need help in the classroom the entire time. In my specific case, I took this as "option B" – as I called it, to have where to go in case of an emergency or need, if my daughter required it.

I also looked at institutions that were recommended to me, even if these were not near my area, but to my surprise, even when these are excellent schools, demand is so high that admissions are quite limited, with a waiting list; however, they let you pay for an admission exam divided into two parts; the first one comprises knowledge and, to my surprise, none of my elementary school daughters approved; because they did not want to and also the teachers supervising them did not provide support (my preschool daughter was not required to take any test) and for the second part, which regards psychological evaluation, they were not even called. This left me with an expense that was not reimbursed, and they were not allowed to take the psychological part of the exam.

In the school where they admitted my daughters, who, to this date, continue being very happy, the day of their evaluation, Lucía again refused to complete the exam, sat down to mourn, threw her case and made a tantrum. However, the school psychologist sat down with her to calm her down, listen to her and invited her, in the little time she had left, to finish her exam. Which, to our surprise, ended with very good results, surprising the psychologist.

When the results were given to me; they were reluctant to admit her because they noticed a behavioral and anxiety problem; so I explained that I thought that this was because the other school did not know how to help her, that until now, year after year, I always had a meeting with the teachers and the result was that they did not know how to treat her or have her in class, and they always asked me to go to therapy to solve the problem, but as I explained to the psychologist, the problem had not been solved with therapy and, basically, the problem was not her behavior, but how she faced the tension that the exams caused her. So, we agreed that she would only be admitted in school if we were committed to taking emotional therapy.

We were referred by the school to a psychologist who gives play therapy, but since it was too far away, we decided to go to a brief emotional therapy with a very renowned psychologist, Julia Borbolla[10] because she was close to home, and her therapy, was basically as its name says, short, in a few sessions.

This change of environment greatly favored Lucía, however, I cannot tell you that everything was solved there, and that they did not call me from school frequently. In this school, every two or three months, there was a meeting where Lucía's work at home, in therapies and in school was evaluated and the aim was to change, together, the approach or method to help her. I have to confess that, although I thanked them for all the attention, I often cried with frustration and despair in the face of such a great demand, it made me very angry to feel that my daughter was under the watchful eye of all the teachers and the psychologist all the time, but I must also confess that in the end it was part of the growth process, not only for Lucía, but for the whole family, because over the years, we managed to follow a family rhythm that gave good results, which I immensely enjoy today.

CHAPTER 4

New School. New Therapy

Before changing school, my daughter attended a psychological evaluation in *Grupo Borbolla*, a group of psychologists who work with children and adolescents, focused on discovering their strategies to come through in a pleasant and warm way, through different workshops or individual sessions.

Lucía attended on two occasions to carry out her psychoeducational evaluation in order to know her weaknesses and strengths, they suggested eight sessions in which they were going to immediately treat her self-esteem and anxiety.

This therapy was a different, pleasant concept that excited Lucía. A child like Lucía, when she does not feel threatened by the environment and fostered in therapy, is much more cooperative.

In those eight sessions, Lucía learned what she could do whenever she felt anxious. They taught her exercises, so she could regulate and lower anxiety, especially in exams. They also detected her low self-esteem and the consequence it generated, especially with friends, so they suggested that later, when a workshop with this approach was opened, she attended to have strategies that would allow her to be socially successful.

All this had good results for her school change, she finished her sessions, I saw a calmer girl, and although I think it helped a lot, the change of activities and strategies more focused on emotions than learning, had to follow attending other therapies over time, because she fell back on negative attitudes that she herself created and felt in the face of failure.

When the results were given to us, the *Julia Borbolla group* suggested a series of obligations to help Lucía achieve responsibility and independence. It is worth mentioning that the proposals are very good and necessary, in many cases, we as parents do not allow our children to do some things that help them to be responsible and independent:

1. Wake up on their own (the child can set the alarm clock).
2. Bathe properly and within a reasonable time (5 to 8 minutes).
3. Wash their teeth (in the morning).
4. Leave quickly to go to school, club, etc.
5. Leave lunchbox in the kitchen, complete with thermos and container.
6. Eat a vegetable every day.
7. Take their pills (afternoon and evening).
8. Get dressed for your sport or artistic activity, and with the material ready on time.
9. Do homework within one hour.
10. Give notebooks to be signed (signed by the teachers).
11. Do not forget books and notebooks for homework during the week.

12. Pick up their room: dirty laundry in a closed container, shoes and supplies used in their place, etc.
13. Come down for dinner at the first call, already wearing pajamas.
14. Brush teeth after dinner.
15. Ready for the scouts (at 3:30 in full uniform and well presented).
16. Nails cut by them (every week).
17. Grades with an average of 9.0 up (on a scale of 1 to 10).
18. Read from 9:00 to 9:30 pm.

Which entitles them to:

1. Take a shower in the morning.
2. Drive on the front passenger seat on the way to school.
3. Drive on the front passenger seat on the way back home.
4. Lunch for the following day.
5. Complete menu (5 minutes each plate).
6. Dessert.
7. A snack in the afternoon.
8. Drive on the front passenger when going out in the afternoon.
9. Watch a TV show.
10. Play Nintendo (30 minutes).
11. Listen to music while doing homework on the next day.
12. Invite a friend over on Friday.
13. Watch a TV show.
14. Have their bed made and room cleaned by someone else.
15. Dinner (otherwise, only bread and milk).
16. Chose what to do 30 minutes before 9:00 pm.
17. Acquire scout equipment.
18. Use internet 30 minutes each week.

19. Decide where to have lunch on Sunday.
20. Special prize.
21. Buy a book each time they finish one.

This rights and duties list are a suggestion, these are not personalized, but allow you to have options to start making changes in your family.

From my own experience, my advice is that any transformation should consist of several steps so that a change in discipline, work and family dynamics is introduced progressively.

If a child between four and five years old can handle a "smart phone", he/she is also capable of helping with home chores, this, in the long run, will allow him/her to acquire discipline and confidence in his/her abilities.

Helping at home gives the child identity, allows him/her to be part of the team called family. In case a child is not used to helping with home chores, the suggestion is to explain that, from this day on, everyone will have a job to do at home, so you can start with managing personal habits that will allow them to acquire independence and to encourage the development of their maturity. The procedure consists in setting a goal every week. At the end of the week, you will explain to him/her that, as of next week, they will no longer remembered what they have to do, since it is their own responsibility to do what they have to do without anyone reminding them, although it is likely that he/she will sometimes try to forget how it is done to see if others can solve it for him/her.

One should consider that, if we go back to help the child because we are short of time, it is possible for him/her to once again ask for help with greater emphasis. This is known as self-sabotage to discipline. However, one can always start again, that is how a child is educated.

If we remember how it was like when we potty trained our kid, we must recall that, at some time, we assumed this was an impossible task. Almost certainly, as many other parents, you thought it was going to take a long time and, nevertheless, as other thing in our children's life, turned out to be a shorter time than expected and not so complicated. In general, it takes a child a week to identify when they need to use the toilet and let you know, not considering that sometimes "accidents" continue happening for a month or two. At the end, we were successful in this task and learned that it only took perseverance and love. So, with a lot of patience and perseverance we can teach kids to be independent and undertake new activities at home.

It is important to consider which activities kids can carry out at home. I have found on the Internet a list that serves as reference to establish activities in accordance with their age and development, although it is important to consider that each parent knows their kids better than anyone and it is the parents' decision to determine the activities the kid can carry out or not.

It is important to first explain to the child how it is done and why the way to get dressed can be right or wrong, but the second time he should try it by himself, although it may not be perfect, that "discomfort" will push him to do it better the next time. It is essential to anticipate the time to be spent in this task in order not to lose patience and make the child enjoy it while he becomes independent from mom or dad.

Suddenly there are moments where they flow in serenity and in each other's company.

House Chores

These house chores are merely suggestions of activities that children can carry out if there is perseverance. Each family choses which and how many chores their kids can handle and those they want them to carry out. Remember that the purpose is for each member to learn to collaborate with the family, because family is integrated by all its members as a team.

2 y 3 years	4 y 5 years	6 y 7 years	8 y 9 years	10 y 11 years	12 years and up
Put toys in their box	Feed the pets	Pick up trash	Load dishwasher	Clean bathroom	Clean floor
Stack books on shelf	Wipe up spills	Fold towels	Change light bulbs	Vacuum rugs	Change light bulbs in ceiling
Dirty clothes in laundry hamper	Put toys away	Mop floors	Load washer	Clean kitchen countertops	Vacuum and wash car
Throw trash away	Make the bed	Empty dishwasher	Fold / Hang clean clothes	Deep clean kitchen	Trim hedges
Carry firewood	Clean room	Match clean socks	Dust furniture	Make a simple meal	Paint walls
Fold dishcloths	Water plants	Weed garden	Spray off patio	Mow lawn	Shop groceries with list
Set the table	Clean and sort silverware	Rake dried leaves	Put groceries away	Bring mail	Cook a complete meal

Fetch diapers and wipes	Prepare simple snacks	Peel potatoes and carrots	Make scrambled eggs	Simple mending (hems, buttons)	Bake a cake or bread
Dust baseboards	Use hand-held vacuum	Make a salad	Bake cookies	Sweep out garage	Simple home repairs
	Clear kitchen table	Replace toilet paper	Walk the dog		Clean windows
	Clean and put away dishes		Sweep the porch		Iron clothes
	Clean doorknobs		Clean the table		Watch younger siblings

Today I notice that, as in my specific case; many parents do everything at home and raise incapable kids. Over time; I have realized this mistake and, with a lot of resistance from my daughters, I have changed some rules and implemented chores as part of their obligations at home for the sake of the family. It is never too late to change; but the process must be:

1. Decide, as a couple, what is going to be the new obligation or chore at home. It is advisable to choose one chore at the time, to not overwhelm and create habits.

2. Of course: write down and explain that from that day, the new obligation is…

3. Consistent, by the parents, in seeing that the chore is fulfilled. A negotiation among siblings for exchanging chores may be admissible, but you must only allow this from time to time, because this is one of the first lessons in negotiation, but not all children have the

same negotiating abilities and they require support from their parents for it to be fair.

4. After one month, or when the habit of the imposed chore is well acquired, a new one may be implemented.

CHAPTER 5

"Friends Club" Workshop

The task of creating changes within the home in family dynamics, as well as reviewing schedules and activities, was a task that my husband and I carried out together, progressively and gradually, choosing, in the first place, those that required priority, making the changes little by little, with the intention of achieving success.

Lucía completed the brief therapy, I felt calmer, and the nausea and vomiting were not as frequent. She began school, where she was assigned to a classmate in the same class as her guide the first week, with the intention of making her feel welcome and integrate her into the games. The result was very good for my three daughters; from the first day they came home very happy and immediately felt part of the school.

A month after entering the new school, Lucía already had an invitation to go to a classmates' birthday party, she also began her therapy with the Friends Club. I loved that it was called a workshop and that it was through playful activities, with a group of girls of the same age, who managed to establish a decalogue to be socially successful.

The type of decalogue was established session after session. Here the rejection that she felt for therapies was no longer present, because of the dynamics that they handle within this workshop, and even its name, the girl does not go to a therapy, but to a workshop or club.

In this club, the learning was to respect their peers; the girls determined, in each session, a rule or norm that they had learned together on that occasion and wrote it down to understand the ideal way to find and maintain a friendship.

FRIENDS DECALOGUE

1. Respect the things of others, ask permission to take something that is not ours.
2. Be kind, listen and understand.
3. Be honest.
4. Help when someone needs it or has a difficult time.
5. Accept and be accepted as we are.
6. Be cheerful
7. Be loyal.
8. Play and share our things.

Of course, all the help Lucía received was good. The appointments at school mentioned a good adaptation; however, there was still concern about Lucía's attitude in school with homework and assignments, returning to a pattern of crying and tantrums when things became difficult within the school setting. Considering that she was already labeled again as the "weeping" girl, and her twin complained and suffered from her sister's attitude, since all the other girls often questioned her sister's reason for so much tears. The school asked me again to take Lucía to play therapy with Lic. Verónica Ruiz.[11]

Up to that point, we had already dedicated time, money and effort to help Lucia in a successful integration and the expected result had not been achieved. What at first became a change where we saw a sociable girl, happy and excited to attend school, gradually came to a halt when academic problems began. Yes, there was progress, but it was not enough, and before the evidence of the reports of the teachers and the psychologist, much to our regret, we had to find the psychologist suggested by school who worked with play therapy, because obviously something else was missing.

She had already gone to learning therapy, and the progress was slow, until it stagnated; she had already gone to brief emotional therapy and the advance was notorious, but it stopped. I still did not understand why, if officially her school problem was one of attention and immaturity, at a slight level, we would go back to this school development.

My theory is that the fact that a girl is happy in a school is reason enough for that to be what drives her to try hard enough to stay in school, with the schoolmates that make her happy.

However, to our sorrow, we once again started seeing her incomplete notebooks, the teacher's complaints notifying me that she was not doing her homework, and the school psychologist, asking me to let my daughter fail so that she could become aware.

That is a subject that causes particular discomfort in me. I definitely had a hard time letting her fail, that when she forgot about homework, she would not ask her sister, but she would rather call a friend to find the solution and ask what she had to do and, if necessary, even take her to the friend's house to photocopy the book. Seeing her in anguish over the academic topic, talking on the phone to the girls who lived closest to our house and traveling by car to pick up and photocopy notes from other classmates became a problem, and not only because of the time it took me to do it, but because I also have other daughters to attend to and everything became complicated for the whole family. Up to that point, I was still doing everything without delegating. Of course, after a while, I stopped doing it, although I tried it at first, but in such a big city with so much traffic, the situation got complicated; and she took advantage of the fact that the sister had the same homework and asked for it.

This situation of depending on her sister, could not continue; so play therapy began with the psychologist the school referred us to, because it was evident that, even when she was no longer anguished or insecure as before and, even when she had the tools for handling herself in school with friends, she still had flaws in handling academic frustration and was not capable of applying the tools acquired in previous therapies. Therefore, with all the hope in the world, we took her to that new play therapy, so that she could love herself more, acquire more self-confidence and for it to help us with the difficulties – both school and family – that were already generating from each and every one of us.

Play therapy is an established, acknowledged and quite effective therapeutic model for the child who has experienced situations of emotional stress which has caused a noticeable effect in the benchmarks of normal development. Play therapy uses the child's play as a natural means of self-expression, experimenting and communicating. By playing, the kid learns from the world and its relationships, submits reality to tests, explores emotions and roles.

Play therapy provides the kid with the opportunity to express his/her personal history, unleash feelings and frustrations, reducing painful and frightful experiences, alleviating anxiety and stress.[12]

The psychologist received Lucía once a week; as parents we attended every ninety days or two months to talk about progress in her therapy, she established strategies to be applied at home and; if required, we scheduled an appointment at school in order to speak with teachers and psychologists and learn about her progress.

During this time, what we learned was to understand the frustration Lucía felt the entire time, I understood how much pressure the school put on me so that the girl could be promoted to the next school year by letting her fail. I realized that the thing that worried me the most was that, even when I was growing up and feeling distracted and not-that-brilliant in school, I always knew I could be promoted to the next school year, I never failed a year; however, I did not see that certainty in Lucía and this was also because she was very insecure and the school was constantly considering this possibility.

What worried me the most was to see her so fragile regarding self-esteem, I really believed that if she repeated the school year while her sister advanced, her self-esteem was going to debilitate even more, and this could reaffirm the incompetent perspective she had regarding herself.

Work aimed at helping her had to begin with myself. The psychologist Verónica Ruiz helped me see where I was making mistakes, where she was falling short and how the valuable input from her father was being relegated because, at this time, it was her father who had the most positive attitude and influence on her, obviously my relationship with my daughter was worn-out.

I attended lectures on this subject, as those given by Martha Alicia Chávez, and I read her book *Your child, your mirror*[13], starting a road of personal growth to be able to help my daughter.

Here, the subject became more personal, I could not help my daughter If, first, I was not OK. I took the time to realize where I was failing, what I liked the most about myself, and how I reacted to the problems Lucía had; and concluded that I had to work a little more on myself.

I still did not understand how to change, but I resolved to list of all things I wanted to modify, I wrote down a list of things I did not like, and what triggered an undesirable reaction in me. I only focused on one attitude each week and worked to change it; not always the method I chose during the week worked for me, but I tried again the following week, using another strategy and only when I achieved progress in one change I undertook the next one. This is something that, as a teacher, is used to modify behaviors in students or; as mother, in your children. All bad behaviors can never be modified at the same time.

I successfully managed to accompany Lucía in the afternoons without telling her to hurry up with her work; that subject was a problem-trigger, for both of us, this was very stressing, but I changed this and sat by her side to work or study during the afternoons. Back then I still wrote papers to encourage values in magazines and newspapers. I was also dedicated to modifying my preschool books, so they could fit into the new educational model based on competencies that is currently used.

The result was achieving companionship, where Lucía stopped feeling alone, overwhelmed with work and frustrated because her sister had finished before her. Luisa, on the other hand, became an enthusiast in drawing and undertaking educational activities for my books; and I used this opportunity to get books for her to trace and cut, so she could improve this aspect that she still lacked.

CHAPTER 6

Personal Growth

During this time, I dedicated myself to learning and focusing on my personal development. I accepted any suggestion I received on matters of family psychotherapy and learning.

To generate changes, both in my daughter and in our relationship, I had to start on my own transformation and I can say that, this was greatly motivated by psychologist Verónica Ruiz, whether with advice on new strategies or suggestions of readings that benefit a personal growth.

At this point, my relationship with Lucía was already very tense, with her lying to cover her flaws; for example, if she did not have her notes complete, she would tell as many lies as she could to avoid her responsibility and not to deal with her issues. Of course, punishments came: "you will not go out on the weekend until all notes you are missing are complete and you finish your homework", so there were many weekends on which, instead of resting or enjoying family trips, she stayed home finishing all the things she did not finish at school. This was not the solution, it only worsened my daughter's attitude and school activities did not improve either. At this point in our life, I felt I was turning into a monster with my daughter and, of course, she was stepping away from me; and this was exactly what I did not want.

I started this change by Reading the book *Your child, your mirror* and its premise: "You cannot change what you do not see". Throughout my years of experience as a mother, teacher and Davis® facilitator, I proved that this is an enormous truth, "if it does not make you uncomfortable, you do not change". It was evident that my relationship with my daughter was tense, things were not functioning adequately with her lies, I was not handling this adequately and I was not being successful; above all, she did not know how to remedy this, and I did not know how to start encouraging it.

The first step was to detect what made me the most uncomfortable to be able to start working on it. I made a list, a short one thanks God, of the things that bothered me or worried me, and started with the one that made me the angriest, the lies. Returning to what I read in the book *Your child, your mirror*, it makes you realize that things you get "hooked-on", what bothers you most, are fully related to yourself, your relationship with your father or mother, how that relationship evolved and developed and what the outcome was.

Obviously, it was the lies that bothered me the most, because I was quite a liar when I was a kid, this created a huge distance with my family and specially with my mother. To be more specific, from a young age, I originated a distant relationship with my mother due to all the lies I told and, of course, I did not want this to happen in my relationship with my daughter. Everything that, at some point, distanced me from my mother, during my childhood or adolescence, were the lies I told and the way my mother scolded or punished me. And, what was

I creating? The same thing, lies, distances and a debilitated relationship.

Being aware of this trigger, I decided to do anything it took to fix things, our relationship, at the end, and as I always tell her: "you are more than a grade, than a homework not completed or notes not taken". Of course, our mother-daughter relationship is much more valuable than a grade or some notes.

Even though I started to glimpse this enormous truth, I still got angry when I discovered a new lie. Here, psychologist Ruiz suggested an important thing that helped us start changing things: the first was to prevent triggering situations; such as going through her notebooks, so, from that moment, this task was entrusted to another family member, whether grandma or dad. In our case, it was her father who was in charge of supervising and advising Lucía regarding her homework and notes. As mentioned by the psychologist, the father usually has a different perspective and a more practical way of solving this type of situation and, although I did not always agree on the method, this was always going to be the best way compared with any decision taken by me, because I automatically reacted with all my feelings fired one hundred percent.

The other advice the psychologist gave to us, and which came to be of huge importance to achieve this change, was to give Lucía, whenever she told a lie and I was aware of it, the chance to reconsider and make amends, without an outbreak of anger by me. So, each time this happened, right when she was telling a lie to me, I had to change my attitude to a more serene and controlled one and ask her a question or the key word we both agreed upon for this type of situations. For example: are you sure? or, do you want to start over? This allowed Lucía to reconsider, to make amends right away and be able to tell the truth without me getting angry or showing an explosive consequence that could damage our relationship. This is a method that enables breaking a vicious and toxic circle.

We also established a key word which she could tell me if she came to realize that she was telling a lie and wanted to modify her saying without repercussions, so this would be: "one moment", "time out" or "I was wrong" and then she would tell the truth. All these on the condition that I would not get angry or punish her for lying.

So, every time I realized that she was telling a lie, I had to make a question or say the key word we both agreed upon for these situations, such as: are you sure? or, do you want to start over?... And this would enable my daughter to tell the truth without me getting angry or punishing for the lie.

Of course, this was not easily achieved, and it does not mean that I did not get angry due to the lies or that this was an automatic change. It was a process, the beginning of a change that, throughout the years, had positive outcomes, helping our relationship to improve. It is worth mentioning that, lies gradually decreased and we could, at last, manage other difficult situations in academic matters, by always telling the truth.

If something had gone wrong, it was easier to understand and address the matter from an analytical perspective, so that she could ponder where the mistake was; than to address it with scolding and punishment. And the change in attitude was quite assertive, it is a fact that, from a young age, we must teach them to think, and not only obey.

By teaching them to think, a door to more questions opens, a door that will allow them to question everything; and this is needed today more than ever. Obedience is comfortable, particularly when we speak about education; but nowadays it is obsolete with so many communication means opened and within their range. In traditional education – which is on its way to extinction – teachers and parents instilled respect and obedience to become a respectable person, where the purpose was to memorize knowledge from books and complete a degree to get a job and a dignified life. But, what happens today? Respect is still a value you can take for granted, it is mutually fostered and gained; today being obedient is like being a sheep, doing what others say, without questioning it; and kids follow this line. If parents struggle with multiple questions by their kids, is very important to take the time to listen; because if parents do not respond, the Internet will, and we really do not know the answers they will find; but also and relevant, this world is moving at such speed that it is better that they question you and seek opinions in order to form their own. At least in my case, this is what I want for my daughters. And, the thought that a degree guarantees success nowadays, has already been proven wrong; globalization changed our perspective of work and forces us to keep implementing new resources to be updated. So, my advice for you is not to be overwhelmed with all the questions, it is preferable that questions are asked and, yes, I perfectly understand that sometimes there are too many questions for which I do not have all the answers, but I write them down and we can learn something new every day.

Regarding of the right to teach; I think it was very assertive to change the method, because when they were younger I used the typical way of giving instructions with short phrases for things they could and could not do. In an early childhood, this was a very useful method, where limits were well defined, and routine was a fundamental part of their every day. To achieve this, advices in the book *Because I say so*[14] were very useful. I will not dedicate an entire chapter to everything I read there, but I invite you; if you have young children, to read and rescue whatever is useful for you.

These are some concepts that were useful to me:

1. Parents must be a team with the same perspective on the education of children. It is no good for one parent to establish a rule and the other parent another rule sabotaging education. I personally consider that, it is not blind obedience what we must inculcate to kids from a young age at home, it is a matter of soundness, to have the same rules and routines established enabling a child to grow within a clear, tranquil and routine environment. This routine, these rules provide the child

with the confidence to focus on their own development and the exploration of the world. I have read papers that have made me notice that many people do not agree with this book and other books written by Rosemond, but as I previously mentioned, we cannot be blind regarding obedience, as adults we can read a book, take whatever can be useful in our lives and dispose of anything we are not convinced about.

2. The motif inspiring the author to write this book was very useful to me; to establish a hierarchy at home, in which, parents establish the rules; and whether these are correct or not in the eyes of others, if these rules work in this family creating a safe environment, the rule is correct. Today, I notice tan many families have lost this balance given by hierarchies. Parents are no longer the ones in charge, its children who are in charge and, this severely damages the family system. As the back cover of Rosemond's book reads, from a letter written by the famous actor Ricardo Montalban to his son: "...I did not campaign to be your father. You did not vote for me. We are father and son..." "We can share many things, but we are not pals. I am your parent. This is 100 times more than what a pal is.". I share his way of thinking, I am not your friend, I am 100 times more than your friend, I am your mother and I want to play my role as a mother for you.

3. When my daughters need to take a medicine, there is no option for them to choose if they want to take it or not; they take it, and with the peace of mind of knowing what is best for them, I inform them without asking what they want. This also includes the time for leaving parties (the extra five minutes were not in their

repertoire as in that of many other mothers), time for taking a shower and watching T.V. was not questioned, I chose these and never considered that my daughters were "sheep" because they were obedient.

4. Education is a lifestyle with which they grew despite the shyness of one of my daughters; you do not want to kiss when you say hello? Well don't, I will go with you to greet the members of your family with a handshake. This does not apply for strangers though. And what was their win? familiarity of living with education and good manners to wherever life takes them. It is not my reward when people tell me "how well educated they are", but rather their chance that, throughout their lives, good manners, greeting people, saying please and thank you, etc., to win respect from their teachers and open doors for a future relationship, a job or whatever they experience. And yes, I have to say that, sadly; as a teacher, as a mother receiving guests at home, I have discovered that this is not widely applied, and I think it is a mistake not to take the required time to correct and form the character of your children, because many of the problems arising during their adolescence, come from a young age due to the lack of education and limits.

This "bedside book", during the childhood years of my daughters, helped me follow a structure that all parents should establish, regardless of the traditions of each family. As parents, it is quite important to execute a preestablished plan by agreement. There is no use in censoring other parents because, after all, nobody likes when their family rules and dynamics are corrected. This includes well-intentioned grandparents and relatives who warn us about our mistakes.

When things no longer worked, because family dynamics changed, I continued seeking for ideas and reading books, as well as taking courses in order to perform my maternal role in the best way possible. *Because I say so*, became obsolete as my daughters grew, and family dynamics and rules required changing to satisfy family needs. So, another development started. Summer camp was a lesson in placing value on each of their feelings, understand them and allow themselves to have said feelings. They were taught to know how to identify each emotion aimed at being empathetic and assertive with others, as well as to understand what is it that triggers each emotion in others and in themselves.

On the other hand, it meant motivating them to become independent, a thing that, to that day, had not been a priority at home, but from that day on it became a signal to follow and which continues being important; despite their clever intentions to evade freedom that encompasses responsibilities, which my daughters refuse to undertake, except on certain rare occasions.

CHAPTER 7

Emotional and Family Intelligence

I enrolled my three daughters in an Emotional Intelligence Workshop[15] during the summer, given by its founder, Lic. Margarita Ávila, psychotherapist; and enrolled myself in a seminar specifically addressed to mothers and fathers, on the same subject, in order to get on, at home, with the things I was convinced about and, thus, continue with the change required in family dynamics, now that the girls were growing up and being "obedient" was no longer a need.

I required the three of them to learn how to feel self-confident, to trust their capacities and enjoy the way they are. Above all, just in the stage where the hormonal changes typical of their age were starting to be evident, when comparisons with their sisters or fellow classmates were starting and changes generated such anxiety in their prepubescent stage. Their friends also started changing, and some adapted and some struggled to hang on to childhood. This is a time filled with doubts.

It is normal that at this age – nine and ten years -, everything makes them doubt, they question everything, because this is the beginning of the pre-adolescent stage; a time when they begin to discover themselves, to question who they are, in order to achieve, at a later time, a self-definition on themselves, when they overcome doubts and comparisons. For me, it also implied change, another one. Likewise, I had doubts, and in order to be able to guide and accompany them, I had to define my role, my rules and not just base these on mistakes I carried along as part of my personal baggage and which, as mentioned in the previous chapter, I was determined to leave aside and start again in order to avoid repeating patterns that were not working in family dynamics.

At summer camp, through dynamics and play, the girls addressed subjects such as loving themselves, taking care of themselves, learn not to be afraid to be independent, because not relying on others is a fundamental part of self-esteem and the beginning of the road towards a future maturity. They learned to talk about their feelings and accept the feelings of others.

"Loving oneself implies taking care of oneself"; this is a certain and profound truth for a kid, to learn, from a young age, to take care of itself, because during adolescence it is very important to have this concept well-founded, to value qualities and capacities and enhance them. In a dynamic process among siblings, jealousy arises from lack of confidence in their own qualities. Competitiveness is an unavoidable human capacity, that can encourage us to improve or try something new, but it is rather important not to be afraid of errors or failure. How many kids and adolescents lack this emotional intelligence, and adults? I have nothing to say, starting with my own self.

When things do not go as expected at work, with family or your partner, this does not mean that everything is going wrong; life is a series of lessons that must move you forward to change, to better yourself in order to adapt and live without cowardice. Of course, doubts arise. When my daughters were born, I never thought about studying and reading everything I have to this moment, I thought I had everything solved, that we were going to be very happy and loving, all together. The beauty of immaturity; you think you will be happy when you get married or have a stable and loving partner by your side; you will be happy when you live right where you want to; that you will be happy the day you have your dream job; you are going to be happy when you have kids; when they are potty-trained and go to school... And yes, all these are delights, but it is also part of human nature to desire more. However, happiness does not reside, in material things, or in others, it resides on oneself and on how you face an adapt to things; how you take care and protect yourself, what you do for yourself and not only for your family, and from this example, a family lives, breathes and is formed. So, the effort starts in oneself, as father or mother.

During this seminar for fathers and mothers, the invitation is to recognize emotions, what causes these emotions and to accept them; also, to break patterns that harm us; understand the guiding thread of an emotion that governs a pattern and search for antidotes to generate change and, lastly, recognize transformation. These are exercises that, just like any other, enable you to modify your behavior.

If further support is required, therapy is another starting point, but one change, as small as it may be, is useful, and what this family needed was guidance to generate changes.

It sounds easy, but it is not; because even when you are taught how to detect the scheme of pattern that is generating such emotion, it is beneficial to allow yourself to feel them, analyze them and let them flow; but my growth labor, as far as it implied emotional intelligence, it still had a long way to go. What I can say is, that change was still present. In little steps, but with perseverance, and it did not end there; we had to further work on other aspects. I am truly grateful to psychologist Margarita Ávila for watching and accompanying, with love, our emotions; we had finally met someone to tell us what to do when emotions arise, as a monster, within ourselves.

During the seminar, I discovered that, just like me, many people do not know how to cope with their emotions and their patterns. This is very important, because it proves that, in schools, there is no program addressing this matter and teaching children to work with them, and the only thing we do have, as human beings, to cope with emotions and patterns, is what we bring from home; our know-how for working with emotions, as children we once were, is to repeat patterns.

Values are learned at home, universal values are taught in school, but emotions, one should be taught to identify and channel emotions in school, to break harmful patterns and create new ones.

CHAPTER 8

Play Psychotherapy

Things at school were still not that good for Lucía. Third and fourth grade were difficult years, and as time progressed, we continued dragging the issue of poor school performance. Lucía continue going to play psychotherapy with Lic. Verónica Ruiz to reinforce self-esteem and lessen frustration when taking exams.

Both at school and home, we were quite aware that something was not working well, there were good days and bad days, a lot of crying, but with our governing motto for Lucía: "you are intelligent, you have qualities and we cannot guide ourselves by, and least of all, characterize you from a bad grade", attitude was improving at home. In school, she had to make new friends, because her old friends stopped hanging out with her. It is not easy, its sad, but if it makes you feel any better; there will always be someone with whom your daughter will get along. Notes continue being incomplete, so she dedicated afternoons to copy her sister's notes, and in that way, she studied and reviewed what was seen at school, plus homework, which was still too much for her because it took her longer to finish it than the time spent by her sister.

We cut out the T.V. from Monday to Thursday during evenings, not even at dinner time, as it used to be; because, in general, Lucía was still doing homework at that time.

Imposing this rule was not easy; of course, the girls tried to resist with various arguments, but in the end, the decision was final and beneficial for all of them. It is not until you take it out of the equation, that you realize how much children lose by being in front of the TV. From that moment on, there were games, cutting and coloring books, handcrafts, knitting; activities that benefited the entire family.

We also implemented a monthly session with the psychologist, not anymore with mom and dad as guidance for family life; but with her sisters, in a sort of attempt to improve dynamics among them, from decalogues, where they established co-habitation rules commonly agreed upon, to dynamics that helped to achieve empathy among them.

It is worth mentioning that, to this day, it is still a struggle trying to break the patterns they imposed in their relationship, and it is only a matter of them learning how to find themselves in life and, today, it is still work in progress.

And by this, I mean that, to this day, I realize that I cannot expect that the thing one of them is very good at; whether sports, socially or academically, means that the other daughter will also be successful in. Among three sisters, it is common for one of them to get along better with another, and there is jealousy and fighting too; but as I have mentioned before, and also during our talks, as a mom, I cannot change others, each one of us is responsible for its own change; even your nine-year old child, if the child is bothered when others try to change him/her; parents are there to listen, accompany and guide him/her in the intent for change. And, yes, I do have a hard time letting them fail, see how they continue to err, but the only thing I can do is act as an observer and support them, because I have pointed out their mistakes and will continue doing so, if I consider this necessary. What I do have given up, is trying to soften the bump and prevent their mistakes, if they are not uncomfortable, they will not change, and, in the long run, this damages them more than tears to be shed during their childhood for them to grow up and become mature.

During this part of their lives, I took a diploma course in Play Psychotherapy at the *Asociación Mexicana de Psicoterapia de Juego A.C.*, to learn more about the strategies Lucía was experimenting. I found myself surrounded by a diverse group and, therefore, rich in a variety of opinions which, among psychologists, educators and even psychiatrist and educational psychologists in diverse movements and works, enabled me to soak up knowledge that delighted me and allowed me, once again, take over my family with greater confidence.

Before long, a family suggested to me to take Lucía with a Davis® facilitator for an assessment, because his son had just been diagnosed with dyslexia and she noticed that many of the characteristics and attitudes of her son matched those of my daughter, and that they were common factors with dyslexia. Thinking it was a new twist, I requested an appointment for the assessment.

Lucía was only seeing Verónica Ruiz, for play therapy, and she had recently suspended the therapy under the Mariana Buschbeck educational-psychology program; partly because she had already been given tools to continue working at school, and, because I noticed she was overwhelmed with extracurricular activities. However, I did not want to rule out the idea of meeting with the Davis® facilitator to whom I was referred; I had to listen to what that person could tell me, and, for this purpose, I had to take Lucía even when I still felt she was saturated with activities and problems.

CHAPTER 9

School vs. Home

During my search for a solution to Lucía's problems, I first made some research on the Davis®[16] Method where the facilitator to whom I was referred worked.

After searching online for information on this Association, I heard words I had not connected to my daughter so far, how rather than a difficulty, her learning issue was a gift, a different way of thinking, so I decided to make an appointment for her assessment even when I had to convince my daughter to come, against her will, if necessary.

The assessment took one hour, after which time the Davis® Facilitator, Silvia Arana, explained to me that Lucía did have dyslexia and, thus, everything done up to that time – related to therapies – had helped Lucía, but we agreed that any progress, as good as it could be, was always incomplete and left us with the sensation that it had not helped her enough.

Every time Lucía started therapy, in the assessment report, the information was the same: "she has attention deficit", but it is so mild – as well as immaturity – that she only needs a little boost to catch up, because we also had to consider a slight immaturity that, over time, would also be reflected in her progress. And therapies and years went by, with little boosts, with progress, but not being able to completely achieve her expected potential.

The result, after meeting with Silvia Arana, was that Lucía had dyslexia, and she was a candidate for the Davis® Program, if she wanted to take it, because she was reluctant to collaborate. We agreed to later inform her about our decision, because we would both discuss this with her father.

When we left, the first thing Lucía told me was that she had no interest at all in going to another therapy. She was tired and, even when I wanted her to take this program, she did not have the required attitude and there was nothing else for me to do than letting go.

When I was alone at home, I meditated about what had happened and felt a huge anger, I did not understand what just happened to me; how was it possible that after so many years treated by different psychologists and therapists, dyslexia had never been diagnosed; I really did not understand, and my anger grew. If the psychotherapists specialized in neurology did not detect this, how was it possible for a Davis® facilitator to come to this conclusion after a one-hour assessment; even more so, when the assessment by the psychologist took several hours and tests. Also, I did not notice that Lucía turned letters around. I felt I had not asked enough questions, so I opened the *Davis® Latinoamérica* webpage and called the director over the phone.

The *Davis® Latinoamérica* director, María Silvia Flores, explained to me, in greater detail, what the Davis® Program consists in, and how this method helps kids with dyslexia and attention deficit. Of course, embarrassed by my attitude, I said I would call her at a later time when I noticed that Lucía was eager to cooperate and take this program.

In order to achieve balance among school expectations, demands, suggestions based on therapies (with or without results at 100%), as well as those of the family; there was a new set of requirements, which I had to structure and order to be able to function.

Claims had no place, we had to start one day at a time, and discipline had to change again, because in sixth grade, my husband and I sat down to organize how we wanted our family to be, and based on this new experience, we came to an agreement on new rules.

This was not the only time we changed rules, these keep changing as my daughters change; permits, times, grades, chores, etc., because it is also important to understand that you cannot keep the same rules as when they were younger; they have grown, and as they grow, their interests change and vary. My demands and expectations also have to be different and evolve. School demands and changes were not the same and, for that reason, we had to reconsider the expectations the school had, but it was all settled thanks to the Davis® supervision and the support by the play psychotherapist, because, as challenges arose, we selected the different strategies to be followed.

I reopened the strategies from the various therapies, because something that does not work at one point or is not adequately established, is sometimes accomplished thanks to new progress.

Of course, it is quite important to have a good, stable, transparent and loving relationship; specially before fully entering the adolescence stage.

AT HOME

1. I would no longer scold a girl, but rather the behavior; we had already started this change, but now more than ever, this was reinforced by the way we addressed them

in case of a reprimand. It is very important to point out mistakes, attitudes that generate problems among sisters, because when reprimanding a girl for bothering her sister, many times it is highlighted that one of them abuses, that the other is a "victim" and vicious and competitive circles are formed. So, reprimands became:

- "In this house, no one insults others" (I no longer scolded one daughter for bothering her sister).
- "In this house we respect and love each other".
- "I do not like screaming".
- "This grade is too low, what happened?".
- "How are you going to solve this problem?".

This change in strategy helped empower each one of them and make them liable for their actions. However, although the outcome is more successful because, as a parent, it does not allow you to fall into an angry vicious cycle – at least not as easily -, it was necessary to establish that the relationship must be equitable and protect my youngest daughter. Because Luisa is three years younger than her sisters, she cannot and does not have the same abilities to confront them, and thus, mom's involvement is still required; at the end, I have the final word, and if things do not work, I can intervene; although my role gradually became more as a companion than as a judge. This opened, for me, possibilities to talk to them more and more, heal liaisons with each one and this, to this date, has been useful in establishing better communication.

2. I gave, to each of my daughters, a nice notebook, easy to open, so they could keep an emotion diary, or draw anything they wanted every day. For Luisa, it was a

notebook to draw nightmares and keep them trapped. For Lucía, it meant she could write anything she wanted, nobody could read it; she went from poetry to songs and feelings. She still writes, expressing emotions. One thing worth remembering is, that you should always write down something to be grateful about, that expands the spirit and daily experiences.

It is important to get used to write one thing each day, at least, without being required to produce a huge piece.

Victoria was less perseverant and more reserved with her diary. Each girl is different, and we have to respect that.

3. We established a box for complaints, to solve them later if they did not find a solution for a situation. This strategy did not work for my family dynamics, the complaint mailbox was never used; but this does not mean that it will not work in other families, or even at school.

4. Listen, but really listen, with all my senses, with all my heart, without intervening, without hugging, without judging.

5. Not teaching lessons, not repeating rules, only questioning so they can realize, by themselves, what happened, to become aware of their actions and seek for their own solutions: What happened? If you could do something different, what would you do? What is our rule for this situation?

6. Make clear that:
   • If you messed up … you must clean it.
   • If you lost it … you replace it.

- If you failed …. try again, that is how one learns, like young children, this is all about trial and error.
- If you offended … apologize.

It is important to remember, sometimes with resignation, sometimes with love; but not anger, as far as possible, because we, as parents, give example, we are only human and make mistakes.

7. Tell them, at least once a day, something to reinforce positive behaviors, for example: "I really loved how you help your sister with homework". First, you may need to stop and think and find good things. It is evident that, we all do something good, and to help change our attitude to a more positive one, we need to know we can do good things.

   "For our children, the way we perceive them, with all our love, how we speak to others about them, how we express in their presence and that of others, they see this and will feel it. The way you perceive them, they will perceive themselves".

8. Give them the confidence required to ask for help, or tutoring with teachers outside school, with whom they can have greater affinity, as many times as required, without any complaint and for as long as they need it. Establish clear communications between both of us to follow her own instincts, empower them based on their capacities and flaws, as well as strategies for them to solve their own problems. Lucía established when to begin taking extra classes, and when to stop.

9. Find activities that help them find themselves, to discover their own abilities and test themselves, this is essential for anyone, especially so during the pre-adolescence and adolescence stage; but if they also have school and

social problems, it is essential that this activity enhances self-esteem. Please, never look for activities contrary to their interests or for another purpose. In the beginning, in Lucía's case, she participated in a play, which helped her to move in front of other people, and she quite enjoyed it. She did not want to be the main character, because she was afraid of making mistakes and because of the time required to memorize her lines; but her secondary role gave her the satisfaction of feeling good about herself. Later, she enrolled in singing and painting lessons, given the great artistic vein she had to take advantage of. When, after a while, in high school, she had socialization issues, I looked for a group, in my case it was in Church (Scouts could do it too), where she would relate with boys and girls beyond her usual school environment – where she did not feel welcome -, for her to find new ways to relate to others, with fun activities and where she would feel sheltered. This was essential in helping her grow emotionally, and understand that, not because she did not feel welcome in school, it had to be the same anywhere else. The year and a half during which she attended this group, enabled her to find new friends more akin to her at school, making her feel, at last, happy in school.

We have to help them open new doors; they do not know how to, but that is what we parents are here for.

AT SCHOOL

In educational institutions, teachers can no longer cop out before these children beyond their *comfort zone*, contrary to students who have a quicker way to process information focused on reading and writing.

Teachers can no longer teach, as they used to, giving knowledge to a group of silent students. Technological advances and the amount of information received by kids and youngsters, make learning strategies obsolete; therefore, teachers must observe their class and establish the most adequate methods for their students, and innovate along with them in order to become a teacher, with all duties and rights embedded in this degree.

As a suggestion, teachers must seek support from the principal and their peers as to properly prepare lessons; as well as broadening the repertoire of ideas and new learning strategies to achieve the purpose of their job as educators.

It is important to overcome the idea that teachers are, not only here to teach subjects, but to educate their students in universal values. It is one thing that the school supports parents by giving certain workshops in order to achieve educational and ethical tuning, and another thing is to demand and expect that teachers are responsible for the job that we, as parents, are responsible for.

However, we must not lose sight of the required quality of teachers needed in classrooms: committed teachers, empathetic with each student, with willingness, responsible and resilient.

Performance in the classroom must be the consequence of anticipated preparation in order to have a purpose, but with the flexibility implied in having to deal with groups where diversity enriches the community.

What can a teacher do with the student does not follow the group's rhythm?

1. Find out what the student is good at, take advantage of his abilities to reach him.

2. Just like parents, give support, listen to him and identify his feelings and thoughts in order to direct him to find solutions. It is different when the student finds solutions than to come up with strategies for its learning problem, but if strategies are established, the teacher can guide him to use these strategies to achieve learning.

3. Provide support for parents to find strategies and routines aimed at giving the student confidence, discipline and responsibility so that him, at their own pace, can strive to fulfill school expectations. This includes, if required, to read ten minutes every day at home, as well as provide support at school so that progress can be more effective.

4. Teach a constructivist lesson, where knowledge is lived and experienced. Today, we must take advantage of the new technologies so that these can be an instrument enabling students to achieve a deeper knowledge. Nowadays, technology is an ally for teaching knowledge, as well as experiences and experiments that allow us to build learning. When a child is given a smartphone or a computer to occupy its free time, valuable time is lost in his development.

5. It is important not to lose sight of the fact that all students must be granted the opportunity to *listen, see, experiment and move* so that knowledge can be assimilated by each student, regardless of their way of processing information or the predominant perceptive capacity.

6. Not to label students and, also, teach them to remove the labels others have given them; as well as those self-given.

7. Follow discipline, because in this way tools are provided for achieving success.

8. Allow each student to live the consequences of their acts in order to stimulate responsibility, which helps children mature. This is achieved by teaching to make decisions and accepting the consequences of their decisions.

9. Value efforts, because the satisfaction of achieving success is what will teach children not to bow down to circumstances and seek positive outcomes. Once success has been savored, whether in a good presentation in class, a good exam or homework well done, and being valued for what effort implies, invite that kid with learning problems to set new goals to achieve and not to become depressed for how slow, exhausting or difficult next time doing something new may be. This is how they learn that their efforts have good outcomes.

"I have come to believe that a great teacher is a great artist and that there are as few as there are any other great artists. Teaching might even be the greatest of the arts since the medium is the human mind and spirit"
John Steinbeck

HOME AND SCHOOL TOGETHER

Resuming the importance of joining forces to support children with any learning problem, it is essential to change the perception we have regarding the learning method to open possibilities.

We have to help lower the stress level some children suffer to achieve the expectations of the school or the parents, because we originate vicious circles that hamper learning, and it is therefore very important not to block this process.

In every learning process, body control, as well as emotional control, must be included. We are beings with emotions, with a body that does not only has eyes to perceive, we also have hands, movements, smell, hearing and taste, which are our channels for acquiring knowledge. The most important one, to prevent blockages, is the emotional control in learning.

Combining teaching processes with fun, with activities that capture attention, and, above all, curiosity awakens, in children the desire to learn. There are always going to be books and computers to provide us with knowledge, but thirst for knowledge, the capacity to research, are fundamental in learning throughout life.

Also, every day, each experience is an opportunity to foster new learnings; let us take advantage of all experiences around us to discover new knowledge and abilities.

Open ourselves up, both students and teachers and parents, to the idea that we do not know everything there is to know, that learning is built and not only taught. Let learning be a productive goal, with an applicable purpose so that it can be consistent and enlightening.

Here, pride and stubbornness are enemies of learning; love and dedication are essential when dealing with students, whether she/he has or does not have learning difficulties.

And, lastly, not forget to validate the capabilities of every kid and point out, with a positive and clear attitude, what is to be expected when the attitude is negative; as well as the behavior generating trouble, because if we do not specify what is expected of a student, he/she will not know how to act and will only understand not being capable of fulfilling school expectations.

CHAPTER 10

Resilience

Resilience is defined as the capability of human beings to adapt to adverse situations.

In my experience of several years as a mother, teacher and Davis® facilitator, there has been one change after another. Not only by me, but also by all those interacting with my family. All changes have always been aimed at solving a problem, clarifying that not all problems can be solved at the same time when you want to achieve greater effectiveness.

On this basis, I will start by sharing with you the first mistake I made when educating my daughters: overprotection and its counterparty, lack of support. Overprotection means giving protection when a capacity is not present; for example, a baby, it does not know how to take care of itself so, I, as the mother, must protect and care for the baby; which I did the best I could, and I think I did it well. But when my daughter started kindergarten and attention and socialization problems started, as well as complaints by teachers, I should have protected her more; at this tender age, if the boy or girl still have immaturity issues to adapt to the requirements of the school, we have to protect them, at least, during their first year and, sincerely, we should not let them go by themselves to handle things they are still not capable of handling. In this respect, the mistake is in all parties involved, it is then when first encounters with frustration take place, which shape the character of a child.

I do not intend to say that all cases are the same, but if we are talking about five-year-old kids with adaptation issues, it is quite important not to lose sight of the fact that it is necessary to make as many changes as required to reinforce the self-esteem of a child. This implies offering more positive experiences that nurture his abilities, than those causing frustration. What I mean is, that if the child cannot manage to pay attention during the same amount that his classmates can, there is no excuse for not giving him the chance to be active during the instructions in class.

No school that is worthwhile is interested in having a child still and complains that he is not paying attention while the others do, overruling the opportunity to recognize the qualities and talents of the child so that he can feel accepted, simply because there are too many students in the classroom. I fell into this lack of protection, accepting complaints by teachers, the easy solution indicated by the school, this is, therapies, and that the attitude of the child be limiting or to mirror.

With teachers like these, one must look for alternatives, whether a change of classroom or teacher, even changing schools and educational system. At this age, your child still does not know how to defend himself, if he does not have the same adjustment capacity, whether due to immaturity or a physical or learning problem, it is our obligation to protect him and raise our voice for him.

As a teacher, I have seen very good results when strengths are sought, and the qualities of students are accepted, highlighting public acknowledgment to promote self-esteem. As a mother, I have also seen very good results when mentioning, honestly, the qualities and virtues of my daughters; it is not acceptable, at any time whatsoever, telling them they are extraordinary, because nobody is, be careful! Today, I hear that they all "win", there are no losers because we do not want to "damage self-esteem"; but this is also not the way to reinforce it, please! For example, it is not acceptable to tell them that their drawing is the most beautiful of all; specially if it is not. We can appreciate the use of colors, or trace but not overestimate the work or effort of a child.

A child asks how his job turned out because he/she wants your approval, they want to know if they are doing it right and, through your approval, know more about themselves, but value must be given to the actual effort, so we can also help them have a real perspective of themselves. Overprotection and overestimation do not provide anything good to their personal development.

Overprotecting is giving care when the ability is present, it is not giving the opportunity to do things by themselves and, over time, create a sensation of incapability in them.

Today, around the world, I see this need of parents to overprotect their children; they want to avoid them pain, suffering and make them happy. And what they are doing, besides making them useless, is making them insecure and lazy; at the end, there is a subtle violence against them.

To better understand this passive-violence concept, I will start with the basics of learning in any child. Brain learns through experiences; if we think about a young child, who is starting to walk, this young child needs to try, to try over and over, despite falls and crying from falling. Our way of protecting and stimulating this child is letting him do so in a safe place, where the fall is not going to be severe or deadly but praising him for every progress made. See how we need to let them try and fail to perfect walking? Remember how first steps imply stumbling and falling. how we helped them by holding their hand, but allowing them to try it and manage to do it by themselves? Did you, at any time, thought you wanted to go on forever holding his hand, or would you rather he learned to walk by himself? The same happens with the rest of life. They learn to go to the bathroom by themselves, first you run with them every few minutes, so they can understand what potty training is about, but when they manage it, you leave them alone, and accept that "accidents" happen sometimes, cleaning together with them and hoping that "accidents" become less frequent; to this day, I have not met a parent who takes his kid to the bathroom when they are capable of doing this by themselves. Then, what happens with parents – and I include myself in many of these examples – who are afraid of their child failing in school, why are we so afraid of failure? are we going to accompany them in their homework and remind them about their duties throughout college?

The role of parents and teachers is to stimulate the child to live experiences. As they grow, each new experience is a new learning enabling the child to know how much he can do, how many things he is not capable of doing yet, to open perspectives and new horizons that nurture the child in a safe environment. The child tests himself over and over until he achieves what he wants; if this is nourishing or fun; otherwise, he simply ignores it until something, at one point, captures his attention and gives it another try.

I share with you my experience and my analysis regarding school. What happens when you go to school? We will start from the first thing our children experience on their first day of school, they have limits and rules that are excellent for educating a child and as important as routines and rules given or demanded by parents at home. Everything good to this point, we chose a school thinking our child is going to receive education required for life in that school.

But, when we address the aspect of developing the skills required by the school to acquire the foreseen knowledge, a large percentage of students, eventually, manage to acquire the required abilities; some faster and in a more precise manner than others, but the great majority achieves this goal; however, what happens with the percentage of children who are restless or immature?

If we separate this group of students who, either have a different way of processing information than that expected and who, in real percentages, are more every day; we are before a small but persistent number of students who do not manage to develop the required skills and begin to be left behind; these children are afterwards labelled as hyperactive, dyslexic or with attention deficit. Now, what do you think happens in the classroom? Let me tell you what happens, the teacher is in control of 20 – 30 students in average, of which, two or three are restless and interrupt; another two do not manage to follow instructions, two others demonstrate that they still do not have the motor skills required to perform the activities, can you imagine this teacher's day in school? But, how is this the fault of the child that cannot fulfill expectations and things required from him? And the teacher, planning activities that will help all students acquire the required skills but, also demanding the child to strive to achieve what, many times, he still cannot achieve.

Everyone, absolutely everyone, sooner or later, will acquire or develop strategies and skills that will enable them to fulfill the requirements of the school; but, because this sometimes takes years, then this triggers the routine where the teacher looks for a moment to help this child that has been left behind; but when the problem continues in the next activity, the teacher starts losing interest in helping the child, and little by little scolding begins: "I already told you how to do it", "pay attention and be quiet", "you are interrupting once more"… To the point where the attitude of the teacher, who is worn out, shows a lack of patience and other kids assume that this student is a problem and do not want him by their side. There is when low self-esteem begins, with rejection from the teacher and classmates; tears and the "lazy child" label.

To these teachers, I truly say; look for options, help the child, study alternatives and be willing to deal with this student. To the educational psychology department at each school: help teachers and students, offer solutions and parallel programs with methodologies that provide support to teachers and students; this can be done, it is worth taking the time to provide learning strategies that promote the skills at alternate times within the school program, where intervention is not only observing the student and the teacher and giving advice, both to them and to parents; they should also offer direct practice providing support to all aspects of the student's development. To this date, I do not know about many schools with an educational psychology department that truly offers, a space for direct work with students, and the few schools that do have a flexible support program for students who need to reinforce skills and establish strategies are saturated.

Today, we sadly give more value to the program, the school curriculum and subjects taught at school, that at promoting the self-esteem and confidence of students. This includes both, parents and educational institutions.

What good does it do to have three languages, computing, extracurricular workshops, advanced mathematics and high academic performance, when ten percent of the students feel uncapable, insecure and with low self-esteem? This is not giving the best, it's taking away from them opportunities, strategies to achieve self-learning.

We tend to harm them by exposing them to adverse situations without tools (strategies, abilities) required to manage academic demands. We are neglecting them when we send them to the most demanding school without the required tools.

I do not think that, today, the number of students with learning problems is increasing; there has always been and there will always be a very significant percentage of students with learning difficulties. At what time is a student catalogued with a "problem" and referred to therapy? At what time the diagnosis is wrong, even when given by the neurologist or the psychologist? This is something that clearly continues happening, and the best thing to do is try to help them acquire the skills required to successfully complete their studies.

On the other hand, we must be careful not to overprotect or disqualify them. Currently, we also fail when demanding that the school gives to our children what we as family, as society are responsible for giving to them. And, here, I refer to values. We ask academic excellence from the school and we also demand that they educate our children, so we cannot complain when the school does this in an inadequate manner or not how we want them to. This education, this background, those values are the responsibility of the family, and as a team, as support, it is the responsibility of society and educational institutions by giving an example to follow.

Things have changed from one generation to another, we cannot remain unchanged because the world is changing;

generations have renewed themselves and we, as adults, have also transformed ourselves. If we consider past times, how mothers stayed home, when the city was not so populated, there was not so much traffic and there was time to spare. Back then, children were not required to have, besides school, five different extracurricular activities each afternoon.

Today, things are not the same as in the past, mothers also work, they want to be modern, look pretty, work, exercise, fulfill personal and labor goals, as well as be super-mothers; and the same thing happens with our excessive and broad curricular programs in schools. We are exhausted as a result of trying to meet all the expectations we create. The famous multitasking has generated anxiety in all social spheres, from the family unit to the various circles integrating our society. This idea that, if you do not succeed as a parent, as an employee or entrepreneur, with huge projects and victories, turned upside down and evolved into a new frustrated society that feels completely unsatisfied.

Is this what we want for our children? Teach them that they are required to be perfect, do great things, or otherwise they will turn into "nobody and nothing"? Is the person who has one hundred thousand "likes" or "friends" in Instagram of Facebook a better person?

I am telling you this, precisely because I have made all these mistakes; but I have managed to land my ideas and perform a better job in my role as a mother.

It is time to be aware of, and land ideas; set goals and strategies enabling team work, starting with my partner or the father of my children; and later with school and the teachers of my children, so we can define the most convenient strategy. Talk about this as a couple allows you to set limits and establish a common front to be the cornerstone of the family, because it is evident that, if one misses something the other one won't, the ideas are fortified and achieving success becomes easier.

This is a starting point, to find our true self, starting by coming back down to earth and with our expectations, focusing on what is important and, from our example and our convictions as a mother or father, create a change; first in ourselves, then in our children and, one step at a time, in society.

With this more realistic personal aspect and a better understanding and love for myself and those around me, this means I have to learn to forgive my weaknesses, my failures and stop demanding from myself that which is not within my reach in order to allow my real self to come out and, give me and my true self, the time required at each moment, stop running in order to observe and revalue my daughters and my family, and manage to establish the principles I truly consider can help me to improve my life and my family.

How is resilience acquired? When we let each child do wrong, fail and allow him to see and understand that which is happening is not a failure, but another way of learning, showing him that progress is embedded in mistakes, from trying you acquire learning so that, in practice, he will gradually improve.

Does it hurt? Of course, it hurts, nobody likes it when things go wrong, nobody likes being scolded or reprimanded, but this does not determine that we cannot try again or that we are perfect. Nobody is born perfect, but we must teach them to love themselves despite their imperfections. This is achieved by giving love, not avoiding criticism. Looking for their strengths and qualities. Praising good actions and acknowledging their virtues; because in this way, a child begins to understand its worth, what he/she can and cannot do yet, but knowing that there is always an opportunity to try again and improve.

We cannot improve or change if we always do things the same way. Besides, we have to consider that we live in a globalized world where rules change, and we have to do it, adapt and teach our children to change too, to be more flexible.

Obviously, we must have clear limits and rules, which are constant and promote confidence in children. Rules and limits are the road we set for our children, they will always be there while they grow, but it is up to them to follow that road.

Coming back to the above, life is a path our child must travel, just like we have. At first, we hold them in our arms while we walk, but as children grow, we have to let them walk by themselves. We can teach them where to walk, but as they keep walking, and keep growing, obstacles appear – from bridges, stones, holes to abysses –, but we are not supposed to get obstacles out of the way or prevent them from facing obstacles in order to facilitate the road for them; it is our role to teach them that, despite change, a fall and how difficult the road may be, there is always learning that will make them improve their skills for walking the road.

Now, if we also teach them how beautiful it is, how joyful the road can be and how enlightening learning is, we are educating resilient children.

We are allowed to demand from children and promote improvement, to boost a child to challenge itself; because in this way, he/she will learn that we expect more from him/her and, above all, that we consider him/her capable of achieving any goal established. To open possibilities, promote different activities that will broaden them perspective and enable them to discover himself, but not a thousand extracurricular activities that will only result in exhaustion. It is important to promote the capacity to know oneself and discover new aptitudes; let the child test himself, within an environment of acceptance and love; but, above all, know how to listen, take the time to pay attention to whatever he has to say with the respect to which all human beings are entitled, and teach the child to do the same thing for others.

The result of resilience turns into growth despite adversity, and creates a better human being, within a better society, in search for a better world.

There are times when, we are also learning to be resilient; it is not always easy to adapt to so many changes, to gain knowledge from adversity, to see an opportunity when you lose your job or fail.

But just as we know that "brave is not he who is not afraid, but he who, despite fear, faces the situation that originates fear"; learning to be resilient is the same: resilient is he who, despite knowing the negative side, despite frustration and sorrow, manages to draw some learning.

Who has been wrong? Who has learned something from a mistake or failure? I can raise my hand a thousand times, because such is life, a constant learning.

But we not only need resilient children, we need resilient parents, and resilient teachers and school principals; who have the capacity of seeing learning and possibilities where we usually see difficulties.

It is in us to see their aptitudes, even in things formerly considered problems, know what they are good at and where they need further practice.

However, we must not be afraid of difficulties, life is always giving us challenges. What is important is to be, as grownup, whether a parent or a teacher, hunting abilities and talents that enable the consolidation of self-esteem and the acquisition of resilience.

Remember, *__how to learn to be resilient?__*

1. **Through small doses of frustration.**

    Start with small frustrations, those that help a human being learn what resilience is. Through trial and mistake, the capacity to positively adapt to adverse situations is shaped. It is even assertive to affirm that it is in our nature to learn from mistakes and not only remain in the mistake and frustration.

    How does a child learn leave nappies behind? Usually, we have to wait until the child has certain abilities: walk, pull panties down and seat on the toilet; as well as the maturity to learn to have bladder control. The second step, with patience and through trial and error, we get rid of the diaper throughout the day and we teach the child where the toilet is and how to use it; here we go through times when the child must feel uncomfortable, get dirty; so that he/she will try to avoid this discomfort and be successful. Part of this success is because adults accompany the child without anger or shouting. Eventually, the child will learn to go to the bathroom alone, and when the child has the sound company of parents, the result will be that the child will learn resilience without knowing and will be self-confident in his/her new skills.

    In the same way, we must let the child improve, give his/her best based on trial and error and we, as parents, accompany our child without anger or shouting. So that the outcome is a sounder learning, with a balanced self-esteem.

2. **With love, accompaniment, as family.**

    All children have something good in them, finding their strengths and promoting qualities, give children the opportunity to see that they are more than a mistake, that being wrong is fine and that correcting things gives satisfactions.

3. **Demand.**

    We can all do more, invite them, with the love and acceptance they already have, to strive to leave their comfort zone, to test themselves is a fundamental key to educate future resilient individual.

4. **Do not compare.**

    Nobody likes being compared with others, our children do not like this either. They do not care if their sister or friend do things better. Comparing leads to labelling and this is detrimental to self-esteem.

5. **Do not overprotect or neglect.**

    Both are detrimental to the development of abilities. If the child already has the ability, allow him to try things over and do not limit him; if he believes that he can do it, and life is not in danger, give support and accompany your child.

6. **Start by giving example.**

    Do we want resilient children? Let us be resilient parents. This includes not getting even with your child because you had a bad day at the office or a traffic jam and having a good attitude towards adversity. If we do not know how to do it, you can learn to be resilient. Dedicate it to yourself and dedicate yourself in being a better person and enjoy life more.

    Do we want resilient students? Let us be resilient teachers. Teachers with vocation, dedication and a good attitude. And if you need further training, consider all the options and take advantage of them.

7. **Teach your child to test himself/herself, to test new things. We must open possibilities for them.**

Chinese lessons? You want to be a painter? We must not transfer labels adults tend to put to things: "why do you want to learn that for?" "That is for losers!".

You only learn by trying. And only in this way can we discover our aptitudes and qualities. You can always change your mind; or one activity lead to something else. So, there is nothing left, but to accompany your child and allow your child to learn from mistakes.

How many people have given themselves the chance to be what they really wanted, and how many just limited themselves to stay within their comfort zone? In which group are you? In which group would you want to see your child?

Suggestion:

Dear reader: while you think or reflect about what you have read in this chapter, I invite you to search in YouTube and listen to *A thousand years,* by Piano Guys. A little music to land your ideas.

CHAPTER 11

How to Teach Resilience to Schoolchildren

Going back to the meaning of resilience, as the capability to perceive learning and possibilities in difficulties or adversities, we are going dig deepen in how children can learn to have tolerance towards frustration; quite necessary to prepare them for the future.

We must not forget that we need parents committed to allowing their children to live, with all its implications, good things, bad things, and regular things; allowing them to face small frustrations and avoid overprotection; as mentioned in the previous chapter. But it is also important to have resilient teachers and teachers willing to go talent hunting, to provide "lifesavers" to children with learning difficulties.

1. **We learn resilience through frustration and pain.**

It is not a new or trendy term; its origin was after WWII. After so much suffering, hunger, pain and deprivation; they thought it was going to be a lost generation; however, as the consequences of the war were studied, it turned out to be a very creative generation that had a great productivity. They learned things we did not have to live as newer generation, but they set the example; they were resilient. Today, in our home, we live other situations and do not need to go through a war.

Chose an answer for the following situation and, later, we will analyze what children learn from the solution:

What happens if the family pet dies? You, as a parent:

a. Run to get a new pet.
b. Tell your child that their pet went to live to a beautiful farm with others like it.
c. You tell them what happened, accompany, listen and have a funeral together with your child.

If you chose the first option, your child may realize what happened and ask, and if he does not ask, it indicates that he was never interested in having that pet at home.

If you lie, you may avoid a momentary drama, but lies always come to light. But, in both cases, your child is not learning to cope with a loss, with a day of sorrow.

On the other hand, if you tell your child the truth, you let your child cry, accompany him, let him draw or write about his feelings and live a very sad day; you are letting your child learn that, despite the great sorrow; you are there to comfort and give support. And yes, losses come along with phases of anger and denial, but this are normal and not personal, it is your child also learning how to express, in one way or another, his/her feelings; but this comes to an end. Our duty is to be patient and by their side. This small loss, that for our child can be almost the end of the world, does not last as long as ours if the child is accompanied; it is a small dose that lets them feel the pain; but that will also enable them to learn that, despite the loss, life goes on and the love of family is there to help them move forward.

This is a training for a bigger loss; as can be that of grandma who, because of her age, can pass away and, despite sorrow, the child knows – because he has already been there – that he will move forward just like when the pet died. All things can be learnings, therefore the importance to let them live life just as it is.

Another example of how resilience is learned, is setting clear and adequate rules, and consistently following those rules. Many times, because the child does not want to follow rules, you will hear him tell you he does not love you, or even hates you; because you scold him or did not buy the ice-cream he asked for; this is normal, and yes, he does hate you with all its heart, but he will get over it, and in a short while will again demonstrate how much he loves you. It is very important not to be afraid of your child, not to surrender because of their tears and let them get away with it and break the rules; you simply accompany and listen, but you do not give up demonstrating consistency and clarity in your rules. Your child will learn to have other daily doses of small frustrations that will make him/her learn resilience from his favorite persons, his parents.

2. **Following clear rules and setting limits is also a way of acquiring resilience.**

Love cannot be missing; despite scolding and anger, behavior does not condition the love of a father or a mother. There is a difference between educating and criticizing. Educating is providing guidelines, rules and values at home that give order to family life; but not only by preaching, you also educate with the example, respecting yourself as a parent, as a human being; both with children and with everybody around us in our daily lives. Criticism leads to placing negative labels on your child; and prevents both, you and him, from seeing the child's qualities.

3. **You must "go hunting for talents", search qualities, what the child is good and not so good at.**

For those of your who are not teachers, let me tell you how it feels to be with 25 to 30 students. You must constantly evaluate them, but you also have this student who behaves terribly; you have to identify this student, think about the student who is always interrupting, breaking rules and is a troublemaker. Now think, what is his quality? There we are able to see a talent, and if we use it in his favor, we will be talent hunters, and teach this student that not all things he does are wrong.

It is important to recognize the strengths and virtues of your child and to let your child know, look for qualities that allow your child to improve self-esteem and encourage him to use them. Enjoying success is as important as learning to cope with a small dose of frustration, and it is better when the child knows that success is due to one of his qualities; there is when you raise self-esteem when the child has learning issues. If the child does not have learning issues, it is also helpful to know what he is capable of achieving by itself.

4. **Demand from your child and encourage your child to improve.**

Neither pain nor frustration are the solution for acquiring resilience; but not having everything encourages a kid to desire and look for it. It is important that not all things come easy to a child, challenges make us improve.

I understand this as a balance where, just like your give love and caring depending on the child's age, it is also important to achieve balance in your children when they have to cope with adversity. As parents, we are here to teach them to solve problems, but not to solve problems for them.

- Love is demonstrating your children how you feel for them. No criminal became bad for receiving too much love at home.
- Caring is covering their basic and education needs.
- Helping your child cope with adversity is complying with what your promise regarding discipline.
- Exigency, within their possibilities and abilities, is asking them to do their things, as well as be responsible. Everyone has a role to play at home, from gathering dirty laundry and their toys, to doing laundry and cleaning the table. These are the demands and responsibilities to be fulfilled and which enable them to learn being responsible.

5. **Open possibilities**

As a child grows, we notice skills and abilities that can take them to undertake a new extracurricular activity. When talking to our child, we become aware of their concerns and ideas which let us learn a little more to encourage children to try new things. In doing so, in any new activity, the child tests himself and discovers something new about him. Learns to know himself better, to develop new abilities. This strengthens a child.

If we speak about a child with learning difficulties, it is important that these new activities had nothing to do with their problem because, in the end, the child will not only be frustrated in the morning and, during classes, but also in the afternoon during extracurricular activities. If, on the contrary, we look for an activity as karate, tennis or football, among others; because they help coordination and discipline; painting, music, sculpting, etc., which develop coordination, creativity and help lessen anxiety; robotics, swimming, chess…, and I could go on forever mentioning a great diversity of activities that allow a child to discover new aptitudes and test himself without hostility; these activities will have a positive result.

At some point, as my daughter grew; I noticed she relaxed when she painted, so I decided to take her to painting and swimming lessons. She had no problem whatsoever in relating to other kids her age, but she did have a problem with anxiety. For years, she continued going to painting lessons, although she changed from swimming to dancing after a while; but with the same purpose of having a moment of success, discipline, order and self-discovery.

If I noticed that, my child had trouble socializing, I would first try to find out what he/she is interested in: books, comics, robots, dinosaurs, princess… and then I would seek that any of the activities was focused on talking with other kids with the same interest or subject. Today, there are more and more extracurricular activities with infinite themes that can meet the preferences and affinities of our children. Later, any activity, in as far as it gives children confidence in themselves, in their skills and abilities, may evolve into other more-complex activities.

Which rules and how to choose them?

These must be co-habitation rules and responsibilities that help preserve order within the family. My first advice to this regard, is being one hundred percent in agreement with your partner.

Rules must be:

- Congruent with family ideology.
- Constant, but not inflexible.

Congruence goes hand in hand with family ideology, as well as with the values of the father and mother. It is important that said rules are approved by both, because both parents will convey their values and will demand fulfillment of rules; but, above all, it is with example how kids learn.

We cannot ask a kid not to lie if, on the other hand, the child sees parents lying to get out of an embarrassing situation. White lies are lies after all, and what the kid learns is that he too can lie if he does not get caught. We cannot tell a kid not to hit somebody, if while we scold the child and spank him. Or, as it frequently happens today, we cannot demand that a child does not throw tantrums and calms down, if we – when stuck in traffic, get furious and lose control.

Having clear rules among parents and children and being consistent in applying the rules, lets conflicts be controlled; as mentioned in previous chapters; above all, in the case of children with learning problems. When educating your child, you not only guide him; you accompany him/her throughout life and the child lives by your example; this is why it is so important to enhance the quality of resilience we, as parents, have; so that our children learn that, despite adversity, there is a solution and learning and not the endo of the world, as emotions make us feel.

It is very important to get rid of the fear to discipline and correct our children, to quit being afraid of their tantrums and reactions and to clearly establish a path of expected behavior. Guidance comes from clearly conveying what I expect of my child, of his behavior; school work and responsibilities at home. This will gradually enable your child to understand and permeate in his self, what is expected from him according to the age; but love and acceptance are not condition as prize or punishment for their behavior.

About reactions, let's be honest, we cannot demand serenity before adversity or frustration; a child does not have the capacity yet to handle emotions, and an adolescent is boiling with hormones and feelings; even more so, how many adults do we know who lose control? It is not about letting them break things or hit others, hurt themselves in their bursts, but allow them and teach them how to express emotions without risking their safety or that of others.

And this is when a very important feedback factor comes to scene. When your child, young or adolescent, changes attitudes doing something where he would normally break rules; just as we are clear and tell him what is expected of him, it is also important to praise an expected action or behavior. As they grow, especially adolescents, it is preferable to establish a positive dialogue and highlight the advantages of following rules or performing the expected behavior.

For example, I have been limiting the use of mobile phones for my girls during weekends; so, from 12:00 to 18:00 they leave their cell phones in my purse; of course, they have argued and, as they reach adolescence, even more so. They have acted forgetful and use any idea in their minds to avoid surrendering their phone. The rule is clear, "no cell phone, the world does not come to an end if your do not see your phone, you will not do homework until 18:00 hours, and life goes on, just do not be isolated".

Sometimes, I forget about this phone business; until I see another wonderful evening with a clear sky and one of my daughters is seating inside the house chatting with friends or in Pinterest, which doesn't even make her be more sociable; and then I ask again for their phones.

However, not so long ago, and not having asked for it, one of my daughters, the most frequent user of the cell phone; to avoid social pressure, decided to spend time with the family and her sister's friends, it was eleven o'clock at night, and they were all still talking together. Obviously, when I told her how good her change in attitude seemed to me; the first thing she said was "NO"; so I changed by tactics and started questioning her: I asked her what she had been doing – I had been watching her all afternoon and knew she had been talking with the other girls who were not her friends, but her sister's friends – her answer was: "I talked with the others and went out for an ice-cream", then I asked her how she felt. There, she used the resource of not giving a positive answer to me, because she not always felt listened by the others. Then, I asked her if she felt ignored the entire time or just sometimes, and when she had a positive answer that she was, despite everything, happy; then I could again give feedback regarding how good it was for her to take time to socialize, even when they were not her friends.

In the end, I am able to get in that little head of hers, how important it is to get out of her comfort zone and socialize, despite her typical adolescent insecurity, and send her the subliminal message: "the mobile phone does not allow you to socialize", without confrontations or attacking her excuses.

If she were a young girl, "bravo" would have sufficed as before, or "good job" and would have elevated her self-esteem; but with an adolescent a "pat on the back" or "congratulations" does not always work. There are times when we must question them, so that they, alone, conclude that they did a positive thing, even a little one.

What is required to establish and encourage discipline?

Responsibility is "doing what you are supposed to do without anyone reminding you to do it". In order to achieve this value, we must go back to two very significant steps:

1. **Live the consequences**. Children must be taught to recognize and accept the consequences of their decisions. Even when we would love to go get a sweater and make them wear it on a cold autumn day, we have to let them live the consequence if the child decided that morning to leave home without it, although you suggested taking a sweater and, yes, let them be a little cold if they insisted on not taking a sweater on a cold day, if the child does not feel cold, he/she will not learn to be cautious.

    However, we cannot always expect everything to be their choice, we must be cautious and reasonable with what we allow them to decide. For example, if I know it is going to be too cold, then I put a sweater in the car and, when the child shows regret for daring to go out without a sweater, then I hand the emergency sweater that is in the car, and even if it is not its favorite sweater, the child will be grateful.

But, what happens with a medicine the child does not want to take, options cannot include not taking the medicine, but it can be swallowed or injected. This can be their choice.

The ideal thing is to constantly go back to the rules, not being afraid of tears or extortion from our children, especially when they are young, because if we expect them to mature by themselves with age, an unpleasant battle of powers will be unleashed with an immature child, almost your size, but with no abilities and strategies leading to a good relationship with the parents and, therefore, without adequate guidance and the child is uncapable of listening what parents want to inculcate.

2. **Value efforts,** but efforts resulting from their work, without overstating, as to help the child have a real perspective of its abilities and skills but enabling him/her to enjoy an assertive and real appraisal. When teaching discipline, we are shaping them as strong and capable human beings, not only regarding knowledge, but also spiritually; which enables them to cope with challenges that life will bring, without being afraid to suffer.

"Children must be educated with a little cold and a little hunger".
SS Pope Francis

CHAPTER 12

There is Always a Solution

A family with problems will not have problems forever. It is how they move forward from problems what will continue shaping the family

Not all things can be solved all the time, and not all things are in your hands as a father, mother, son or sibling; but not all things remain broken, scars are left, and learning is achieved through a resilient attitude, one grows, matures and enjoys what one has.

It is always possible to change, modify; but this has to be from acceptance and love. With love, the foundation of a family, one can change what can be solved and accept what cannot be changed and recognize both things.

A resentment or negative attitude problem can be changed with love and generosity; dyslexia or a learning problem cannot be erased, but it can improve through love and understanding.

The way we are, the way we process information, as well as our personality, is what shapes us as human beings; but the way we act, how we perform, depends exclusively on each of us, whether young or adults.

We, since adolescence, have the capacity to make decisions, and in that "living life", we learn the consequence of each and every decision we make. There is a point in life when we can no longer blame others for own decisions or actions, whether good or bad; but the decision I make regarding each experience I live and taking advantage, or not, or them – even from my most tender years -, does depend on me. Here, I include parents who, with mistakes or successes, did what they could in time and the way they believed it was better. This does not mean I am excluding the important acting of parents as the center, column and direction of the family; it is their responsible to give their best. But, what for parents was a decision considered assertive, it sometimes was not the right one. We continue working based on trial and error, just like kids.

In family and with love, our decisions and attitudes can be modified to gain growth, maturity and success in our short- and medium-term goals. In family, with solidarity, it is easier to find that boost required for improving, for achieving the change in what I can act, because there is no greater satisfaction tan giving your best to your family. Your huge treasure.

As a child, I cannot continue blaming my parents for everything, I cannot blame my classmates or teachers either. In me, in my attitude and how I take good or bad things, and the attitude before this one, is my responsibility.

This is the hardest part to teach a kid. Little by little, they must learn to accept, first, their mistakes and failures; and that these, depending on how we see them as parents, positively as learning and how we react, is how a child is going to learn no to be afraid of being wrong, and recognize where his/her mistake was.

When a child starts on himself, with his mistakes; he learns to accept the mistakes of others. The child will not be so hard when judging others, and therefore, will be a more flexible person with the others. It is a reaction that can be gradually modified, because it comes from the most intimate part of any human being: start on oneself to get to others. All learnings in the human being come, first, from what he feels for himself, what his needs are and from there it goes to adaptation and its surroundings. Then, when facing mistakes, the child also learns not to have the need to blame others for his own mistakes. There are no excuses for avoiding responsibility if you learn to accept your failures.

It sounds nice, but as I always tell my family and students before any dilemma or new beginning: *"simplify and you will be right"*.

If you want to change educational habits, attitudes, etc., it is important to go slowly, one at the time. If we want to change an educational habit to improve the family dynamics, it is important, first, to choose which is more urgent; plan how you are going to do it and consider doing it every day to establish a routine.

The same happens with the change of attitude, if I want to see a change in the behavior of my child, I have to work in myself, what triggers it? What do I want? How do I anticipate it?

There are times when our attitude has a higher weight than the action of a child. If we change attitude, we look for any time to reinforce change, not always with the success we want, but by trying and trying, we will make a change in us and, therefore, in our family or students, because our actions teach more than our words.

At first, it tends to be difficult to make so many changes, but there are always more opportunities to demonstrate that I will be successful next time in the change I aim to achieve. At the end of the day, you can keep a score to see who is winning, old or new habits.

At the end, your family is your goal. How do you want it to be?

Stories that Help Considering Therapy an Ally

The two pigeons[17]

In a wonderful park, next to a large shelf, lived two doves very happy to spend their days at the foot of a large golden statue. They were so happy that you could only hear them sing Cucurucú all day long.

- Have you heard the pigeons talk?

-What sound do they make?

- They fly? What do you think pigeons do when they fly?

- Very nicely! Moving their wings gracefully.

One fine day, the proud pigeon put two little eggs inside the nest. They were so excited because soon they would be parents. They were filled with happiness.

The future dad hovered over the park looking for good food for his pigeon, and she, very happy, brooded the two eggs, waiting with eagerness for the great day in which their chicks would be born.

It was not long, when one day, the pigeon felt like one of its eggs was moving slightly. Fortunately, the father had just returned with food for the mother.

With great emotion they watched and watched as the egg moved a little more until managing to make a small crack, at that moment, the other egg also began to move, how exciting! At last the chicks were about to be born!

With much effort, they came out of their shell, two chicks, with two eyes each, a beak each, two wings still small, and two perfect legs.

This was an amazing event for the other animals in the park who were already very fond of the two pigeons. So, squirrels, nightingales and bees went to greet them and meet the two new chicks.

The days went by, the chicks grew more and more until they became pigeons with new feathers, almost about to test them on their first flight.

The famous day of the first flight of the pigeons arrived. The parents, very excited, explained what they had to do: "spread your wings, first wave them up and then down and let go of the branch, everyone can do it"

The first chick, with much fear, approached the branch that jutted from its nest to be on the edge. With his heart beating a mile a minute, he began his first attempt ... he moved his wings, looked up and let go of the branch.

With a lot of work, he managed to fly a little, but the strength of his wings was not enough, and he descended a bit abruptly, but safely on the ground.

Then, it was time for the second chick to try it. So, placing himself on the same branch, flapping his wings from top to bottom and looking up at the sky, he let go ... but he did not manage to take off and fell to the ground with great danger of damaging his wings.

Quickly, the parent pigeons flew to where their chick was, to make sure he was okay. When they discovered that he had not hurt himself, they sighed with relief.

But the scared chick, did not want to try again, felt he was unable to fly and felt it was very difficult for him.

So, with much love, the two pigeons looked for the sparrow, a master flight specialist. Right in the cherry tree park lived a sparrow that had a workshop to help chicks who had difficulty in flying.

With fear and concern, the chick accepted to go with the sparrow. So, he walked slowly with his mother to the tree where the sparrow was waiting for them, ready.

To his surprise, the sparrow was very friendly and cheerful, and the flight class was quite fun, although it was the sparrow himself who explained that it was normal to be afraid after a fall, but that little by little, with practice, he would be able to fly.

Of course, he promised that he would learn to fly but not in a single day, but little by little, following his own pace and as he felt capable of achieving it. For the chick it was a worry less to know that like him, there were other chicks practicing the same thing and that he was not the only one with this problem.

As the practices progressed, he felt more confident in his abilities and began to see results; and, yes, his brother chick was already an expert flyer and he still was not, but he knew, thanks to the sparrow's experience and his teachings, that in his own time he would manage to fly well.

Over time, the chick fulfilled his desire to fly, which allowed him to learn other new things that took place in the beautiful garden at the park. It must be said that the parents were very proud of their two chicks, as well as the other animals in the park, who happily followed the new adventures of the chicks every day.

My name is Luis and I hate reading[18]
(Story for an Adolescent)

I get up every morning with a giant laziness, my eyelids hurt even when I open my eyes. I do not think it's a common symptom in 12-year-olds like me, however, I cannot help it. Every morning is the same routine, I get dressed and go down to have breakfast, trying to go unnoticed in the house, and as soon as my dad gets into the car, I get up, quietly, without even looking at his face.

I do not remember when the last time was we talked or just spent time together. I hate him, I really hate him. We do not talk anymore. He does not even talk to my mother, or my sister. He only complains, everything is bad, nothing is enough and nothing I can do makes him happy. He just stopped being with the family.

Finally, we arrive at the school, I get out fast to avoid my mere presence displeasing him and he says some stupidity, as always.

At school, I have to attend class with that teacher with a rancid odor, and there he is, Juan Carlos who has it all, with his smile and his happy boy style. Then the teacher happens to ask me to read my homework aloud, and when I start reading, I make mistakes and I get very nervous, I feel my hands sweat as I squeeze the paper to avoid shaking and my mouth is dry in my attempt to read correctly, I cannot do it, I keep making mistakes and I decide to pretend that I did not finish it and I sit down again, while I mumble an apology for my incomplete homework. Juan Carlos raises his hand and correctly reads all his work; when we are changing classes, I remove the stupid smile he has.

When recess finally arrives, I go out to fulfill my promise with Juan Carlos, making him stumble, I pretend that I do not see him, and I step on his hand. My mind explodes with joy and courage. Why does he let me get away with it and why does he never respond? I do not understand, he is just like my mom, she lets everyone get away with things, she never answers, even though my dad talks to her worse than he would talk to an enemy ... what do I have to do for her to respond?

My mother arrives once again to the principal's office, she cries begging the principal to give me another chance, I think, now, my dad will not be happy, because one thing is that I'm manly enough and do not let anyone step on me, as he says, and another thing is to be expelled for behavioral problems. I'm in trouble.

Incredibly! The principal gave me one last chance, only that, this time, I have to go with the school psychologist twice a week, at seven o'clock. Well, let's see what they think they can get from me, psychologists, treatments and therapies I'm fed up.

Next Wednesday, I knock on the door with my knuckles to warn that I have already arrived at my appointment with Dr. Vera. How lucky I was that my father did not arrive early from work last night, he did not even know how close I was to please him, like the idiot he always thinks I am. The Dr. let me in and I find a comfortable area, but I'm not going to break down. I throw my backpack down and throw myself on the chair at the back. The Dr. does not know who she is dealing with. She invites me to make a family diagram, with dolls from the boxes she has on the table, I cannot believe she thinks that she will be able to see something in me or even get to know me, much less with small children's toys. How idiot they all are.

When I finish fulfilling what she asks me to, she begins to ask me personal things about my family, she asks me how I feel about my choice of characters, and that at the end, and after a long time, I finally chose a blind doll to place her as my mother, a worm for my sister and a dismembered superhero to represent my dad. I will certainly frighten her. On the other hand, I see her very calm, neither frightened nor impatient. What is happening? Maybe the doctor is made out of cardboard. On the contrary, she begins to direct her attention and to question how I see myself in all this, what is a family for me, and the worst of all is that I feel anger when I answer her, my head hurts and when I talk I cannot avoid some tears from coming out of my eyes. And after all, my anger has been trying to get out for a long time and I do not know how to do it. I explain to the doctor that I just want my dad complete and calm, and my mom in peace, but I cannot find all the words to be understood without sounding silly. That's it, I do not want to sound like a fool, feel like a fool, or pretend what I am not. However, the doctor does find the words, and invites me to name what I feel inside, and for the first time in a long time I know that someone listens to me, understands me and does not qualify me or judge me. I cry like I never did before. I feel that the pain that fills me partially disappears. It relieves me to get rid of everything I feel and, for the first time I do not feel tired, I feel that little by little things can get better. The doctor is not so bad. I am sure that the next time I come, I will do it with a better attitude, than the one I had this morning. In the end, the principal was right about something.

I attend classes and the teacher does not accelerate me, nor does Juan Carlos irritate me and I spend a quiet day, I stop feeling that I hate everyone. But I still need to get home, that does make me nervous, however, I remember what the doctor told me, breathe, squeeze the whole body and let go when you exhale.

I arrive home as if nothing had happened, I ask for permission to rest a while in my room and there I do my relaxation exercises. My father arrives home and although he arrives tired and cranky, as always, I decide to go down and talk with him about what I want in our relationship, I decide to take the first step. My father listens to me and says nothing. Although I feel it as a low blow, I have to admit that he did not get mad at me when I told him what I did to Juan Carlos, nor when the principal threatened to expel me. I think I saw him a little older now, not as tall as before. I think that, deep inside, he does not know what to do, or how to fix things. But he might still find the way to do it and decide to go back to be a better father. I help my mother serve the food and I feel her hand on my hair as a silent thank you. Little by little we will improve. Finally, I see clearly. I breathe, and I see that the world does not collapse.

It is very normal not to know how to handle situations that overwhelm us, make us despair and disorient. What is very important is to be clear that we can always improve, seek help and reorganize our feelings. To live with anger is not to live, it is to endure the day leaving the heart in pieces.

If you are one of these cases or if your emotions won't let you live in peace, in order to seek help, I recommend you speak with an expert or someone you trust, or at least, you can also seek help online.

Many times, emotional problems and frustration can add up to learning problems. Support is not only for a single aspect of the child, we have to encompass the emotional aspect as well, and also family dynamics.

NOTES

[1] Alicia Flores López. Psychologist, *Humanist Psychotherapist. Centro de Diagnóstico y Rehabilitación Neuropsicopedagógica, S.C.* Clinician. Specialist in Clinical Neuropsychology, p. 4

[2] Lic. Veronica Ruiz clinical psychologist, p. 5

[3] Lic. Veronica Ruiz clinical psychologist, p. 6

[4] fundacioncadah.org www.psicologia-online.com, p. 6

[5] Lic. Veronica Ruiz clinical psychologist, p. 6

[6] Lic. Veronica Ruiz clinical psychologist, p. 8

[7] Monsters, Inc., Walt Disney Pictures Pixar Animation Studios, 2001, p. 12

[8] Learning psychotherapist, p 13

[9] www.webconsultas.com, p. 15

[10] *Grupo Julia Borbolla. Psicología Integral.* www.juliaborbolla.com, p. 21

[11] Clinical psychologists. Yolopatli Specialty, p. 29

[12] *Asociación Española de Terapia de Juego,* p. 30

[13] Martha Alicia Chávez. (2004) *Your child, Your mirror.* **México: Editorial Grijalbo Mondadori, p. 31**

[14] John K. Rosemond. (2009) *Because I say so.* México: Editorial Libra, p. 36

[15] Emotional Intelligence Workshop. *Descubre tus Colores Internos*. © All rights reserved, p. 39

[16] *Davis® Latinoamerica*. Davis® Dyslexia Association International®, p. 44

[17] Katharine Aranda Vollmer. (2018) Two pigeons. México.

[18] Katharine Aranda Vollmer. (2018) My name is Luis and, I hate reading. México.

¿Tdah o Dislexia?

Padres resilientes. Hijos resilientes.

KATHARINE ARANDA VOLLMER

ÍNDICE

Katharine Aranda Vollmer, de nacionalidad mexicana, nació en la Ciudad de México en 1970. Ha trabajado con dedicación como maestra de preescolar, desde 1989 cuando tuvo su primera oportunidad para trabajar como asistente de música.

Desde ese momento supo que su vocación era impartir clases y aprovechar toda oportunidad para aprender a mejorar profesionalmente. Estudió la Licenciatura en educación preescolar, tomó un diplomado de primeros auxilios, así como el certificado para dar clases de inglés titulándose como "Teacher".

Por su propio interés, por llevar una mejor dinámica familiar, tomó el diplomado en Psicoterapia de juego como herramienta de manejo y tratamiento de problemas emocionales en los niños, así como la licencia como facilitadora en el Método Davis® dislexia.

Independientemente de su trabajo docente o como facilitadora Davis®, Katharine ha realizado varios libros con intención de fomentar el aprendizaje en los niños de edad preescolar. Mas lo que falta, siempre dispuesta a emprender.

A mi familia, que me impulsa a salir de mi zona de confort y a probar nuevos proyectos que enriquecen mi vida. LOS AMO. Gracias, gracias, gracias…

K.A.V.

¿TDAH o DISLEXIA? PADRES RESILIENTES. HIJOS RESILIENTES.

Este libro está hecho con todo el cariño para compartirles lo que, a mí, por experiencia propia, me ha tocado vivir como madre, maestra y facilitadora Davis®.

Conforme escucho a otros padres de familia contarme sus travesías por terapias, médicos y diagnósticos, me doy cuenta de lo mucho que coinciden las historias y preocupaciones cuando alguno de nuestros hijos comienza a tener dificultades de aprendizaje, ya sea déficit de atención, dislexia, discalculia, disgrafía, hiperactividad, o TDAH (trastorno por déficit de atención e hiperactividad).Como padres, queremos ayudarlos, no obstante, el hecho de tener conocimientos educativos o, incluso, ser un experto en la materia no nos exime de estar completamente en manos de médicos, terapeutas, maestros y directores de escuela, y quedar sujetos a su guía.

Lo que sí es un hecho es que entre más pequeño reciba un niño ayuda bien enfocada a su problema de aprendizaje, más fácil y menos traumática va a ser su experiencia escolar. Eso lo descubrí con mi hija menor, a la que pude detectar y encaminar al programa adecuado desde más pequeña. Lo que yo aprendí es que toda ayuda siempre va a ser buena, sin embargo, es muy importante estar atentos a que, si a pesar de un año de terapia, el avance es lento puede ser indicador de un diagnóstico incompleto, o que se pueda confundir el perfil de síntomas. Esto es algo más común de lo que uno cree, y aunque me encantaría señalar algún culpable, la verdad, lo único que importa es el bienestar, la autoestima y la adquisición de recursos que permitan a nuestros hijos aprobar con éxito el ciclo escolar. Ninguna de estas dificultades de aprendizaje se borran, desaparecen o se curan, solo puedo recomendar que tome la terapia y un programa de habilidades que lo enseñen a poner más atención y logren ayudarlo a adquirir las destrezas necesarias conforme a su edad.

Siempre recomiendo visitar a un neurólogo como el primer paso encaminado a encontrar el apoyo adecuado para cualquier niño que presente estas dificultades de aprendizaje.

CAPÍTULO 1

2004 Programa de Apoyo Cognoscitivo Integral

A la edad de cuatro años, le realizan la primera Evaluación de Desarrollo a mi hija. Determinan que su nivel de funcionamiento cognoscitivo se ubica discretamente por debajo del promedio, así como problemas en el lenguaje expresivo, que limita de manera importante su capacidad para lidiar con las demandas académicas, familiares y sociales propias de su edad. También se nota una disminución en sus recursos de atención, que afectan de manera significativa la continuidad con la que realiza las tareas que se le solicitan.

Lucía comienza el 3 de mayo un programa de Apoyo Cognoscitivo Integral. Acude puntual y constantemente a sus citas por las tardes para seguir dicho programa. Se establece un diálogo con los padres y maestros para darle seguimiento a su evolución. Al mismo tiempo, Lucía continúa con su terapia de lenguaje en el colegio.

El 26 de septiembre del mismo año, se tiene una entrevista de evaluación, donde sus profesores comentan que la evolución de la niña ha sido favorable. Sus periodos de atención son lo que corresponden a los niños de su edad, y su capacidad para responder a las actividades escolares se ubica también dentro de los parámetros esperados. Así mismo, se comenta que en el área del lenguaje expresivo, los avances son significativos. Tomando en cuenta que el nivel del funcionamiento de la niña se encuentra dentro del rango promedio, se contempla que se suspenda el apoyo cognoscitivo, pero que se mantenga en la terapia de lenguaje. También se aconseja que continúe la comunicación entre los profesores y sus padres, con fines de seguimiento, para que, en caso necesario, se retome el manejo que se considere pertinente para el desarrollo integral de la menor.

2006 Valoración de desarrollo

El motivo de la consulta se debe a que en el colegio al que Lucía asiste piden que se le haga esta valoración, porque notan una inquietud motora, problemas de atención y dificultad para responder a las demandas propias de su edad, especialmente en el ámbito académico. Al parecer se muestra ansiosa y tensa al darse cuenta de que la lectoescritura se le dificulta. En la escuela se le observa inquieta y con cierta inmadurez. Lucía comenta que "no tiene amigas para jugar".

Es por ello que se le realiza una Valoración de Desarrollo, donde a través de diferentes exámenes e instrumentos se evalúa cómo va su progreso y cuál es su nivel de madurez. Obviamente enfocado a lo que se requiere dentro del salón de clases.

Los instrumentos que mencionan haber ocupado para esta evaluación fueron:

1. Evaluación Clínica de Desarrollo
2. Baby Bender
3. Test Gestáltico visomotor de Laureta Bender
4. Figura de Rey Versión para niños
5. Evaluación de la Percepción Visual de M. Frostig
6. Prueba de Discriminación Fonológica
7. Prueba de Articulación
8. Exámenes de Articulación para preescolares
9. Prueba de Exploración Lingüística
10. Prueba de la Psicomotricidad para Preescolares
11. Escala de Inteligencia para la edad Escolar de D. Wechsler WISC-R
12. Registro de habilidades de Edgar A. Doly
13. Prueba de Lectoescritura
14. Prueba de la Figura Humana

Al realizar la evaluación y analizar los resultados, observaron que muestra problemas para prestar atención, es inquieta a nivel motor, impulsiva, poco tolerante a la frustración, se desespera cuando la actividad se le dificulta y muestra problemas para aceptar límites de comportamiento.

También se dan cuenta de que presenta dificultad para responder de manera diferenciada a los estímulos de su medio ambiente. Aún en la relación de uno a uno, distrayéndose aún con apoyo de lenguaje externo.

Presenta macrografía, lo que quiere decir es que su tipo de letra es grande para los requerimientos exigidos por la escuela, donde ya necesitan que se ajuste al renglón.

Otra de las observaciones fue que destacó en reproducir un modelo tridimensional, logrando un desempeño superior al promedio.

Presenta dificultades para pronunciar ciertas sílabas (cr, gol, tl, entre otras) aun así, su discurso es espontáneo y productivo, sin embargo, pierde continuidad debido a una dificultad que tiene para organizar sus ideas.

También, en su evaluación mencionaron que ante un estímulo complejo recuerda el total de los estímulos, pero se le dificulta integrarlos en su contexto.

En lo que se refiere a habilidades escolares, Lucía presenta dificultad para la discriminación de la forma y la integración visual. Así mismo, presenta un déficit de atención significativo y se le dificulta realizar el procedimiento multisensorial de la información. Ello explica la dificultad que presenta para la lectoescritura.

Las conclusiones de la valoración fueron las siguientes:

Lucía es una niña con un funcionamiento Intelectual de 119, que la ubica en el rango diagnóstico de Normal Brillante. Al analizar cualitativamente su perfil, se encuentra que la estructuración de su pensamiento verbal sigue el curso esperado del desarrollo. No obstante, en el área visoperceptual muestra dificultad para realizar procesos de discriminación de la forma y de integración. En cuanto a la actividad visomotora, la calidad de su trazo es significativamente inferior a la esperada para su edad. Así mismo, está presentando problemas para realizar el procesamiento integrado de la información verbal, visoperceptual y espacial. Ello, aunado a que cursa con un Déficit de Atención clínicamente significativo, explica la dificultad que tiene para adquirir la lectoescritura y el cálculo.[1]

Por otra parte, en el área afectivoconductual, Lucía se proyecta como una niña impulsiva, poco tolerante a la frustración y con dificultad para seguir límites de conducta. Socialmente, también encontraron que su desempeño no era fluido ya que demandaba que sus deseos fueran satisfechos inmediatamente.

Dado que determinan que tiene un Trastorno por Déficit de Atención, aconsejan un abordaje multidisciplinario con valoración de un médico especialista en Neurología Pediátrica.

Cuando me explica la Psicóloga Clínica los resultados nunca menciona la importancia de una valoración médica, aborda el resultado ofreciéndome un programa con una de sus terapeutas para dar a Lucía un empujón en su desarrollo, haciendo hincapié en el Trastorno por Déficit de Atención. Es como si Lucía tuviera sus cinco sentidos en el volumen más alto. El simple volar de una mosca, ella lo percibía distrayéndola de la clase; ahora que, si había mucho ruido, era también un factor que la alteraba completamente, pero que, a través de un programa tan completo como el suyo, iba a aprender a manejar su trastorno y que en lo que se denotaba inmadurez, —ya que no todos los niños se desarrollan al mismo tiempo— iba a lograr ponerse al corriente en cuanto a madurez y desarrollo como los otros alumnos, por lo tanto, lo más probable es que mejoraría en su entorno social.

Iba a tener que llevar a mi hija por lo menos un año escolar, durante el cual asistiría dos tardes por semana durante una hora; y posteriormente, en seis meses me notificarían sus avances. Suena bien ¿verdad? Solo esperaba que todo saliera según el pronóstico. Y comenzamos a ir dos veces por semana a su terapia.

Notas sobre el objetivo de cada instrumento utilizado en la valoración de desarrollo.

Instrumentos aplicados durante su valoración de Desarrollo con la Psicóloga Alicia Flores López, psicóloga clínica del Centro de Diagnóstico y Rehabilitación Neuropsicopedagógica, S.C.

Prueba de madurez visomotriz de Ontario

La coordinación visomotriz es la capacidad de coordinar la visión con los movimientos del cuerpo. Es una habilidad relacionada con la escritura, por lo que es muy importante su correcto desarrollo. En esta prueba, se le pide que reproduzca círculos, líneas cruzadas, perpendiculares, cuadrados y triángulos, así como otras figuras geométricas.

Baby Bender

Mide la madurez en la percepción visomotriz en niños pequeños, así como la memoria, qué copia y qué tanto memoriza; dependiendo qué tanto avanza, se puede valorar qué nivel de desarrollo de esta habilidad ha ido alcanzando.[2]

Test gestáltico visomotor de Laureta Bender

Esta prueba mide la madurez en la percepción visomotriz en niños y adultos, así como indicadores emocionales que puedan estar interviniendo en sus capacidades y desarrollo. También incluye otros ejercicios que permiten evaluar su atención, habilidades de copiar (visomotriz), así como memoria. [3]

Figura de Rey para niños

El test de copia y reproducción de memoria de figuras geométricas complejas de Rey fue diseñado inicialmente por André Rey con el objetivo de evaluar la organización perceptual y la memoria visual en individuos con lesión cerebral. Posteriormente, fue utilizado para valorar otro tipo de patologías y, actualmente, es una herramienta muy usada en la evaluación neuropsicológica y, en ocasiones, también empleado en la evaluación del Trastorno por Déficit de Atención e Hiperactividad.

En caso de los niños con TDAH, el test aprecia el nivel de desarrollo intelectual y el nivel perceptivomotor. Este test nos dará indicadores sobre la forma en que abordan y organizan la información que reciben, su memoria y su estilo de procesamiento visual, así como los errores que cometen en el proceso. [4]

Evaluación de la percepción visual de M. Frostig

Evalúa las habilidades de percepción visual, psicomotricidad fina e integración visomotriz implicadas en el proceso de lectoescritura. También ve la coordinación visomotriz, posición en el espacio, figura-fondo, cierre visual, etc. [5]

Prueba de discriminación fonológica

Prueba que mide la percepción auditiva, esto quiere decir que pueda reconocer sonidos y atribuirles un significado, así como la pronunciación de los fonemas (el sonido de cada letra, y por lo tanto la pronunciación comprensible de las palabras).

Prueba de articulación

Mide cómo articula cada sonido o fonema, así como la respiración, dominio del soplo, habilidad buco-linguo-labial, ritmo, discriminación auditiva, discriminación fonética, discriminación fonética de dibujos, lenguaje espontáneo (mantener una conversación amena y comprensible), lectura, escritura (dictado de fonemas que comprueben la discriminación auditiva y fonética).

Prueba de articulación para preescolares

Esta prueba tiene como objetivo medir la discriminación fonética, auditiva y de sonido, conforme a los rangos establecidos dentro de lo esperado para un niño en edad preescolar que todavía está en proceso de adquirir las habilidades necesarias dentro del lenguaje y la discriminación de sonidos. En esta prueba se puede medir cuáles son las sílabas que le cuesta trabajo pronunciar, y en qué posición de la palabra aparece esta dificultad (al principio, en la posición intermedia o en la posición final)

Prueba de exploración lingüística

Esta prueba también arroja resultados de la habilidad de comunicación de un niño, en edad preescolar y conforme a su edad, su comprensión de lo que se le pide o entiende, como parte de esta misma habilidad, así como capacidad de comprender y seguir instrucciones, establecer un intercambio verbal y expresar ideas.

Prueba de la psicomotricidad para preescolares

Son pruebas que permiten ver en qué área de su desarrollo se encuentra, en lo que se refiere a movimiento, tono muscular, así como la relación que se establece entre la actividad psíquica del niño y la capacidad de movimiento o función motriz del cuerpo.

Escala de inteligencia para la edad escolar de D. Wechsler Wisc-R

Prueba de inteligencia (Coeficiente Intelectual), memoria (a corto y largo plazo, memoria de trabajo), velocidad del pensamiento, atención, información, comprensión, capacidad de análisis y síntesis, así como lenguaje.[6]

Registro de habilidades de Edgar A. Doll

En esta prueba se miden las habilidades que se requieren para la vida escolar, tanto de pensamiento, físicas, de coordinación, así como sociales. Permite conocer cuáles habilidades son su fuerte, conforme a su edad y con base en su escala de desarrollo, cuáles falta fortalecer para rendir exitosamente en el colegio.

Prueba de lectoescritura

Para leer y escribir se necesitan desarrollar habilidades físicas y mentales en el niño, desde el movimiento del trazo, así como la vista para seguir el renglón y lo que se espera de él al momento de estar en el salón de clases, desde copiar del pizarrón, hasta trazar letras, posteriormente palabras y dictados. También se necesita del oído, cómo procesa lo que escucha para poder plasmarlo en el papel. Estas pruebas son ejercicios donde se puede evaluar desde cómo toma un lápiz, ver su tono muscular, si apoya fuerte o le falta tono muscular para sujetar el lápiz de forma adecuada, hasta su movimiento ojo-mano para poder realizar estas actividades, como ejemplo.

Prueba de la figura humana

La forma en que un niño realiza una figura humana, que vaya dentro del parámetro esperado de desarrollo de un niño en edad preescolar; lo que quiere decir que a un niño no le podemos pedir que dibuje como un adulto, sin embargo, hay ciertos rasgos que sí se esperan estar dentro del dibujo, y que nos pueden indicar estados emocionales relevantes.

¿Qué es lo que se busca en todas estas pruebas?

Todas estas pruebas arrojan resultados donde se pueden apreciar las fortalezas y lo que aún falta desarrollar, tanto de habilidades como el desarrollo físico y mental de un niño. La psicóloga Daniela Martínez Reyes, psicóloga clínica, también me explicó que dependiendo de todos los resultados arrojados, estas pruebas indican lo que se necesita reforzar dentro de las capacidades y habilidades para el aprendizaje, si tiene un déficit de atención, dislexia, etc. El examen arroja resultados y gráficas que están sujetos a la interpretación del psicólogo que la realice.

Esta evaluación es una herramienta muy completa y necesaria para conocer y comprender todo lo que es un niño, cómo se desenvuelve, en qué nivel de desarrollo se encuentra, qué habilidades tiene y de cuáles todavía carece o se tienen que estimular para que alcance el nivel promedio y cuál es la terapia a seguir; con qué estrategias van a empezar y conforme vayan trabajando, qué síntoma o habilidad se convierte en un pormenor pasajero que ya no causa conflicto en el desenvolvimiento del niño. Sin embargo, aunque siempre es bueno realizar una evaluación de desarrollo como ésta, es importante no quedarse solo con la interpretación como si fuera resultado de laboratorio, ya que depende de la capacidad de interpretación de quien la realice, así como de la evolución siempre cambiante de tu hijo.

CAPÍTULO 2

Reporte de Evolución.

A un mes de que terminara el ciclo escolar, recibí el reporte de evolución del trabajo realizado durante el programa multidisciplinario al que Lucía asiste dos veces a la semana por una hora en cada sesión.

Lucía acude a consulta por problemas de atención y dificultad para tener un rendimiento escolar promedio. Así mismo, se refiere que presenta dificultad para relacionarse con sus compañeros. Al analizar su funcionamiento cognoscitivo se aprecia que en el área visoperceptual muestra dificultad para realizar procesos de discriminación de la forma y de integración. En cuanto a la actividad visomotora la calidad de su trato es significativamente inferior a la esperada para su edad. Presenta problemas para realizar el procesamiento integrado de la información verbal visoperceptual, espacial y visomotora lo que afecta la estructuración de la lectoescritura.

El resultado del programa de apoyo psicopedagógico y conductual se realiza por medio de una impresión clínica. En el reporte, determinan que se pone de manifiesto el beneficio del tratamiento que recibe. Es importante mencionar que en el rastreo clínico de mayo de 2007, se mostró poco cooperadora.

En el área de coordinación visomotora ha tenido avances favorables. En cuanto a la atención, si bien en la relación de uno a uno obtiene un mejor desempeño, cuando se le permite la actividad libre, su rendimiento disminuye de manera significativa. Con respecto a la lectura, escritura y cálculo muestra mejoría, pero aún llega a omitir letras y requiere de tiempos discretamente mayores al promedio.

En el área afectivo-conductual aún es inquieta a nivel motor, presenta baja tolerancia a la frustración y dificultad para analizar las consecuencias de su conducta.

Durante todo ese año, tuve que manejar 40 minutos de ida y 40 minutos de regreso, dos veces por semana. Mi actitud fue hacer el camino lo más amable posible para mi hija, adquirí una televisión para el coche, tenía un almuerzo para el regreso, porque notaba que siempre salía agotada de cada sesión.

Conforme pasaban los meses, siempre que recogía a mi hija, saludaba y le preguntaba a la terapeuta cómo había sido el trabajo ese día, y aunque era muy amable, solía quejarse de que Lucía no quería trabajar, que le era difícil convencerla de realizar su programa. A todo esto, yo procuraba hablar con mi hija y pedirle que hiciera su trabajo con entusiasmo, pero después de escuchar la misma queja por algunos meses, mi contestación con la terapeuta fue decirle que ella debía hacerse cargo de entusiasmar a mi hija en su trabajo, ya que yo cumplía con lo que a mí me correspondía como madre: llevarla descansada, bien alimentada y en punto. Durante el camino, veníamos a veces platicando y realmente, desde esa edad, me convertí en *coach* de mi hija, buscando darle todos los días palabras de aliento para que trabajara con entusiasmo.

Por supuesto que era muy desalentador, no nada más para Lucía, sino también para mí, que siempre saliera la terapeuta y se quejara de que Lucía no trabajaba bien, que era apática para realizar las actividades. Esto también era una queja en el salón de clases en segundo de kínder durante las mañanas, que era cuando asistía; lo que me lleva a concluir que el horario no era el problema de apatía de Lucía, lo que no se presentaba en casa. Yo solo manejaba rutinas que no ocasionaban problemas y, por lo demás, Lucía era y es una niña dulce que se llevaba bien con sus hermanas. Lo único que sí ocurría, y que coincidía con las quejas de la maestra, es que era una niña que lloraba fácilmente.

En la escuela, además de llorar por todo, ya fuera por regaño o frustración por el trabajo escolar que le era difícil realizar por su falta de atención, comenzó a ser etiquetada por sus compañeras de clase como la "niña llorona" y, por ende, había niñas que ya no querían jugar con ella y la rechazaban.

En ese año escolar, también me reportó la maestra que en algunas ocasiones, cuando Lucía se enojaba, hacía unos berrinches terribles y no se controlaba al contestar.

Hasta ese punto de mi vida, nunca había presenciado los famosos enojos que las maestras o terapeutas calificaban como problema de conducta. Con el tiempo, comprendí que como en casa no había dificultad o conflicto alguno, no aparecían esas situaciones, hasta que un día que invitó a una amiguita a comer y a jugar en la tarde, la vi en acción, en todo su esplendor de enojo puro contra su amiga por no hacer lo que ella quería, nunca le pegó, y hasta ahora no es una niña agresiva, pero su disgusto fue desproporcionado. De verdad que nunca la había visto así. Sin embargo, tengo que admitir que me vi reflejada en ella como un espejo. Cuando reprendo a alguna de mis hijas, suelo no meter sentimientos, pero si levanto la voz y uso un tono muy duro para decir que aquello que hizo estuvo mal hecho.

Sin embargo, ver a mi hija regañar a su amiga del mismo modo me hizo recapacitar en la forma en que ella me ve cuando yo soy la que está llamando la atención, y no me gustó el modo en que lo hizo. Entendí también cómo era ella en el salón de clases, comencé a vislumbrar un poco todo el potencial de enojo, así como de la reacción ante la frustración de la que tanto me hablaba la maestra.

En cambio, en lo que se refiere a su aspecto de sensibilidad profunda, parte innegable de su personalidad, podía dar una ternura enorme ver cómo se involucraba con total empatía por algún niño que lloraba, cómo le cantaba al bebé de una amiga, pero también cómo lloraba o disfrutaba cualquier historia emotiva. El problema fue que de pequeña era tierno y conmovedor ver cómo reaccionaba ante la historia, ya sea en TV o en el teatro. Llegó a interrumpir una obra porque el personaje cantaba muy bonito y ella, desde su lugar, empezó a cantar a todo pulmón; cabe mencionar que fue el éxito del teatro y todo el mundo le aplaudió. Pero en otra ocasión, cuando fuimos al cine a ver la película de Monsters Inc.[7], recordarán el momento en que el personaje de Sully hace llorar a Bu de miedo. Mi hija, sensible y empática, tuvo una reacción profunda a dicha escena, y ya se podrán imaginar los gritos y llantos de mi niña en el cine, eran tan fuertes, que sorprendieron a todos.

Así empezó a surgir una personalidad sumamente sensible, cada vez que veía una película, aunque pasaran los años, continuaba igual, muy metida dentro de la historia, gozando al máximo cada escena, episodio o historia, pero sin limitar sus expresiones de sentimientos y sin escatimar lágrimas y, a veces, gritos de enojo o nervios.

La televisión la absorbía por completo, si algún personaje sufría, era inevitable verla completamente trastornada por lo que ocurría y hecha un mar de lágrimas; en fin, era algo habitual, pero que se fue incrementando, logrando preocuparnos a todos los que vivíamos con ella, ya que su extrema sensibilidad ya incluía cualquier situación que la rodeaba, ya no se limitaba a la historia de la televisión o película, también abarcaba desde perder un juguete, que su hermana la mirara feo, o que la prima no jugara con ella, pero sí con sus hermanas, etc. Y tanta lágrima desgastaba la relación y perjudicaba la convivencia familiar.

Claro que me preocupaba muchísimo por esas reacciones, pero no sabía cómo manejar esa sensibilidad, si ella es así, no creo en coartar su personalidad, sino más bien buscar una solución para que aprendiera a manejar sus emociones y no le ocasionaran más problemas.

Por aquel tiempo, en un paseo familiar, dejé que mis hijas pintaran sobre caballetes personajes de caricatura con ayuda de pinturas y pinceles. Ese día descubrimos un nuevo aspecto en ella, mientras sus hermanas rápidamente pintaron su dibujo y me lo entregaron con la pintura escurriendo; ella se tomó su tiempo para completarlo, estaba concentrada en lo que hacía y lo disfrutaba; así que le busqué clases de pintura, porque noté que Lucía lograba relajarse al pintar; fue de las pocas veces que la veía disfrutar una actividad sin estrés.

Pero, aunque fue una actividad extraescolar que por muchos años fomenté en ella, no fue suficiente. Definitivamente, es muy importante para un niño que sufre de estrés académico tener una ocupación que le ayude a balancear su nivel de frustración y buscarle una actividad en la que destaque y le haga sentir que lo que él o ella hace, lo hace bien, y no sólo se quede con la calificación que le dan los maestros en la escuela como único incentivo personal.

También fomentamos clases extra de algún deporte, destacando en tenis y golf, por demostrar una buena coordinación. Así, a lo largo de varios años, siempre buscamos una actividad fuera del colegio, con el fin de que se diera cuenta de sus aptitudes y habilidades reales, y viera que quizá no estaba en ella escribir rápido, pero tenía facilidad para el deporte o el arte.

En ese tiempo, también nos recomendaron una terapia que sustituyera a la anterior, con un programa de desarrollo de aprendizaje una vez por semana, así como ejercicios de psicomotricidad otro día, y que podían realizar las tres hermanas, con la intención de dejar de hacer sentir a Lucía que ella era la única que necesitaba ayuda. Así, con base en una evaluación donde determinaron que Lucía necesitaba ejercicios para desarrollar sus tiempos de atención, comenzamos a trabajar con Mariana Buschbeck[8] en terapia de aprendizaje. Todos los lunes, asistían las tres niñas a un programa que se llamaba "estiralunes" donde salían emocionadísimas por realizar ejercicios, que para ellas eran como gimnasia, pero que tenían objetivos de motricidad, que aunque no tuvieran problemas de aprendizaje, les ayudarían a mejorar su coordinación motriz y, por ende, hasta su escritura. Los jueves, asistía Lucía sola a trabajar en el programa de estrategias de aprendizaje, que requería para su propio desarrollo, así como estimular aquellas habilidades de las que aún carecía para alcanzar el nivel de sus compañeras de colegio.

A los pocos meses, me citó la psicopedagoga Mariana para informarme el seguimiento del desarrollo de Lucía; con cuaderno en mano, me mostró los avances en algunos aspectos como memoria, donde el progreso fue significativo y en otros, como los tiempos de atención con buen avance, pero no tan notorio como el otro. Comprensión de lectura así como velocidad y dicción fueron áreas donde hubo mejoría, pero un avance lento, y en conceptos matemáticos era igual.

Lo que me explicó la psicopedagoga fue que era muy normal que su progreso fuera lento, ya que apenas estaba comenzando a avanzar en áreas que sus compañeras ya tenían dominadas y ella, por la inmadurez en su desarrollo, aunado al déficit de atención, apenas estaba comenzando a dominar ciertas habilidades y estrategias necesarias, pero que todavía iba a tardar en alcanzar a sus compañeras.

Todos los niños tienen diferentes niveles de desarrollo, cada uno tiene su propio ritmo, y es importante no forzarlos, pero sí estimularlos. Cuentan que Albert Einstein habló hasta después de los tres años, así que con esto en mente, mi trabajo, tanto con Lucía como con los otros niños, se ha basado en comprender que, aunque hay avance en la terapia, es apenas el comienzo de su desarrollo y todavía faltaba seguir este camino con trabajo constante y paciencia.

CAPÍTULO 3

Buscando una Nueva Escuela

Ante el problema de vómitos que mi hija presenta día tras día, pido una cita con el pediatra, decidimos ir descartando posibles motivos para su reacción. Lo primero es mandarle medicamento para tratarle el estómago por una posible gastritis y dieta. Le platiqué mi preocupación de que pudiera ser una hernia hiatal, ya que en mi familia, mi padre y dos hermanos tuvieron ese problema, por lo que dejamos pendiente una prueba si Lucía sigue vomitando.

Una hernia hiatal es el resultado del ascenso de una parte del estómago a través del hiato diafragmático al tórax. Suele ser congénito y puede afectar a personas de cualquier edad, aunque es más frecuente en los adultos. Con base en los síntomas, los doctores determinan si es necesaria una prueba a través de laparoscopía. Los síntomas suelen ser la regurgitación del contenido del estómago hacia el esófago produciéndose una irritación más o menos seria de la mucosa de éste por el ácido gástrico, como ardor, dolor de pecho, dificultad a la hora de tragar, regurgitación, eructos y tos. [9]

En primer lugar, el médico debe escuchar los síntomas que refiere el paciente. En este caso, mi hija solo presentaba ardor, regurgitación y eructos, por lo que decidió no avanzar en otras pruebas para descartar una simple gastritis nerviosa. En caso de que el tratamiento para la gastritis no fuera efectivo, lo normal hubiera sido continuar con una radiografía con medio de contraste o una laparoscopia.

Así es como decido pedir una cita con el pediatra para descartar motivos de salud físicos por los cuales Lucía vomite frecuentemente. Dedico mi tiempo a buscar y visitar todos los colegios, ya que en el momento en que el médico la empieza a tratar por gastritis nerviosa, yo reconsidero, junto con mi marido, la elección del colegio de mi hija; donde siempre se quejan de ella. Las maestras no saben ni cómo ayudarla y solo me piden que la lleve a terapia, pero no se comprometen a realizar ningún esfuerzo extra dentro del salón de clases. Además, aunque yo le pida a sus maestras y a la directora que no la comparen con su gemela, y mucho menos que le pidan a su hermana que le recuerde a Lucía realizar sus obligaciones y la tarea, los maestros suelen involucrar a la gemela; éstos son factores que definitivamente me hacen salir a los pocos días en busca de otro colegio para mis hijas. Yo sé que no todos las escuelas son para todos los niños, y no todos los maestros son malos si el sistema no es el adecuado para alguno de nuestros hijos; sin embargo, en este caso particular, aunque yo pido cita con la directora y le hago llegar la queja del trato hacia mis hijas, ya que no es pedagógico que el maestro de inglés utilice a la hermana gemela como modo de presionar a Lucía para que cumpla con sus tareas y obligaciones, a pesar de todos mis esfuerzos por pedir que no se involucre a la hermana, la maestra me ignora y continúa con la misma actitud. La directora solo demuestra preocupación por el renombre del colegio y no por el bienestar de la niña.

En los años que Lucía ha estado en ese colegio, he notado que ningún maestro sabe qué hacer con ella ni cómo tratarla, lo que me lleva a cuestionarme seriamente qué es lo que hacen los maestros en sus juntas y capacitaciones para actualizar su trabajo, ya que desde el grado de kínder I, preprimaria, y primero de primaria, sigo encontrándome con la misma problemática. En esos tres años, siempre pido que el departamento de psicopedagogía de la escuela realice pruebas y propuestas para trabajar en conjunto, pero ni aun así logro que me escuchen, siendo un colegio privado que mi marido y yo pagamos mes con mes

En ese tiempo, también caí en el juego de supervisar las tareas escolares de mi hija y sus apuntes, cuestionar a su hermana gemela de todo lo que a ambas les ocurría en la escuela con los maestros, con las amigas, etc. También hablé con todos los padres de familia de la generación y con otras maestras del colegio, aunque mi hija no hubiera estado en sus grupos.

Con todo esto, entendí que no era el colegio ideal para mi hija, y cuando su hermana gemela también me pidió cambiar de escuela, entendí que el cambio tenía que ser para las tres niñas, aunque la más chiquita estuviera muy contenta.

Por ello, me di a la tarea de recorrer todos los colegios que quedan cerca de mi casa, hasta los que no están tan cerca, incluso si son instituciones que el nombre no me gustaba o "creía" que no eran los ideales o parecidos al colegio al que yo asistí. Escuché nuevas propuestas y no me cerré a ninguna posibilidad. Ya no buscaba un colegio que solo fuera de niñas, o bilingüe, religioso o no, tradicional o no, solicité citas para informes, advirtiendo antes de ello, la situación de déficit de atención que tenía mi hija, para decidir si valía la pena que hicieran prueba de admisión y conocer la postura del colegio ante alumnos con problemas escolares como los de mi hija, superando un temor a que, de entrada, la etiquetaran como niña problema.

Hoy en día, que muchos padres de familia se acercan a mí preguntando cuál colegio les recomiendo para sus hijos, dado que he tenido la oportunidad de conocer muchas instituciones, tratar y platicar con directores y maestros de todos los grados, sigo recomendando que hagan lo que yo hice en mi momento, recorrer e investigar todos los colegios, ya que a final de cuentas, es una decisión personal o familiar, que ni yo tengo la facultad de tomar por los padres de familia, además de que cada familia es muy diferente de la mía, con algunas situaciones parecidas o valores similares que pueden hacernos creer que la solución es la misma escuela o las mismas decisiones; sin embargo, cada caso, con sus diferencias, las hace únicas por lo que únicamente puedo comentarles a todos los padres dónde he notado mejor aceptación, pero que ellos, como padres de familia, siguen teniendo, la última palabra en dicha elección.

¿Qué ocurrió en mi búsqueda? Encontré escuelas que ofrecen hermosas instalaciones, donde no se cree en las terapias como solución a los problemas escolares o de aprendizaje, sino actividades extra escolares que proponen dentro de las mismas instalaciones, con fines de ayudar a los chicos con problemas escolares. Se escucha excelente, sin embargo, en mi caso particular, tener a mi hija hasta las 6:00 pm realizando tenis, ajedrez, pintura, etc., siendo que nosotros, como familia, asistimos a un club deportivo que solemos usar en las tardes para realizar actividades deportivas como las que propone la escuela, implicaba por una parte, un desperdicio de dinero, y por otro lado, valoramos que preferíamos realizar las mismas actividades, pero en familia. Ahora, si otra familia, donde ambos padres trabajan, no tienen tiempo o no tienen acceso a un lugar para actividades deportivas, es una opción ideal para ellos y para ese hijo.

Acudí a una reconocida escuela con el sistema inspirado en el psicólogo Jean Piaget, reconocido por su teoría constructivista de aprendizaje, basado en las características de cada etapa de desarrollo de la inteligencia de los niños, lo que quiere decir, en resumen, es que el infante interactúa con el medio, procurando que éste sea favorable, para tomar el aprendizaje dado y construir su propio conocimiento sobre el mismo.

¿Qué ocurre hoy en día en los colegios? Entró en boga esta corriente pedagógica, incluso la Secretaría de Educación Pública ha pedido que todos los maestros, tanto en escuelas particulares como públicas, trabajen dentro del aula a través de competencias, estimulando aprendizajes constructivistas. Está comprobado que este método o sistema pedagógico es más efectivo, porque vivir, experimentar y manipular el conocimiento es más eficaz que simplemente quedarte en un sistema repetitivo, donde solo puedes contar con tu memoria y atención al momento del aprendizaje.

Definitivamente, creo en ese sistema y en muchos otros que surgen de la base de que cada niño es diferente, su manera de adquirir de conocimientos es única, pero enriquece a otros, ya que a través del juego, la interacción y experimentación, el niño aprende con mayor entusiasmo, logrando abrirse y entender mejor los conceptos, aún los abstractos; por ejemplo, un alumno que comprende y expone a sus compañeros un tema determinado, a través de una presentación, puede ayudar a que otro alumno que no capta dicho concepto logre entenderlo, ya que es niño como él quien se lo explica con palabras acordes a su edad y capacidad de comprensión.

Y si el alumno tiene déficit de atención, la probabilidad de lograr un aprendizaje significativo es mucho mayor, ya que si consideramos que normalmente su problema es tener sus sentidos al máximo, ocasionando que cada cosa que percibe la relacione con una imagen en su mente, que lo distrae o confunde y lo aleja del tema que el maestro está presentando (hablando de un sistema tradicional). Sin embargo, si colocamos al mismo alumno en una situación de clase enfocada al constructivismo o competencias, donde no sólo se da el tema buscando que llegue la información a través de una sola vía, sino que además de escuchar, puede ver y experimentar dicha presentación, buscando que los colores sean atractivos, las palabras sencillas y de acuerdo a su edad, el resultado es mucho más efectivo.

Tristemente, muchas escuelas alegan estar dentro de sistemas constructivistas o de competencias, pero en realidad no los siguen y se depende totalmente de la maestra y su eficiencia para trasmitir un conocimiento, pero si en el siguiente grado escolar, no se sigue el mismo método que utilizó la maestra anterior, se pierde el avance logrado. Algo que aprendí de esta búsqueda fue preguntar hasta cómo preparan a los maestros, si todos llevan la misma metodología, porque al momento de pedir informes, todo suena muy atractivo y los profesores muy competentes, pero en realidad no pueden con la finalidad del método, ya que varía por falta de preparación entre los maestros.

Tomen nota, padres de familia, el colegio que escogí para mis hijas, lo elegí sabiendo los defectos, hablé con padres de familia que no estaban contentos con la metodología o el sistema. Tuve la oportunidad de platicar por teléfono con los maestros, para saber qué se requiere para trabajar ahí, cómo se preparan y, cómo logran que cada uno de los ellos imparta sus clases con la misma metodología. Lo que me encantó fue saber que el colegio busca dar solución a los problemas que se presenten, donde se involucra al departamento de psicopedagogía en colaboración con los padres del menor y, para lograr una eficiencia en la preparación de sus maestros, los obligan a tomar un curso en una prestigiosa universidad de la ciudad, donde a lo largo de todo un año toman un programa de enseñanza basado en la metodología constructivista, quedando sujeto a buscar otro trabajo si no cumple con los requisitos indispensables para aprobar dicho curso.

Sin embargo, soy consciente de que así como cada alumno es diferente, cada maestro lo es de igual manera, y aunque estudien el mismo método, es obvio que lo van a aplicar de modo distinto, sin embargo, el hecho de que tengan todas las facilidades para trabajar bajo una metodología que permite a cada alumno un aprendizaje de forma más vivencial o constructivista, así como las herramientas y conocimientos necesarios para lograr ese objetivo, las variantes en su método particular no afectan el resultado, alcanzando el éxito requerido.

Y si consideramos que el método de calificación no sólo sea exclusivamente con un examen, sino la suma del examen más su participación, tareas, presentaciones o trabajos en clase, así como excursiones y el uso de los avances tecnológicos con fines pedagógicos, puede ayudar a que un alumno con déficit de atención o dislexia tenga mayor oportunidad de demostrar los conocimientos adquiridos. Por supuesto, estos aspectos se vuelven preguntas obligadas para ir a buscar el colegio ideal para tu hijo, como yo lo hice al recorrer escuelas y comparar respuestas. No sólo hablen con la persona que dé informes, también pregunten quién conoce maestros dentro de dicha institución y cuestionen todo.

Otro punto importante para considerar y concientizar es que no siempre mi hija va a ser la luz de los ojos del maestro, pero a fin de cuentas, para mí es muy importante que tengan la intención de sacarla adelante, y si por algo no fueran compatibles en absoluto —cosa que hasta ahora nunca ocurrió— fue muy importante para mí saber que tenía la opción de cambiar de grupo a mi hija, ya que las escuelas con un solo grupo por grado no te dan esa oportunidad, o incluso hay otras que no creen en esas necesidades.

Cuando hablo de que es importante tratar con personas más allá de las que están en la recepción dando informes sobre el colegio es porque me ocurrió que en uno de los planteles a los que acudí, al momento de preguntar qué postura tenían respecto al déficit de atención en los alumnos, lo primero que me preguntó la persona que me estaba dando informes fue si mi hija estaba medicada, ya que así no la podían aceptar. Posteriormente, me enteré de que dicha escuela era un súper colegio personalizado que ayuda y colabora mucho con los niños con ciertos problemas educativos; sin embargo, aunque mi hija no estaba medicada, me dejó un muy mal sabor de boca el comentario, ya que si desde la puerta me dicen que no aceptan a mi hija así, solo pensé en el problema que pudiera tener más adelante si por alguna circunstancia tuviera que medicarla y el colegio decidiera que así no la podían tener. La actitud tan negativa de esta empleada era totalmente opuesta a la del colegio en cuestión, pero como yo no hablé con más personas ni dentro ni fuera de dicha institución, me quedé con la impresión de una secretaria o recepcionista que no tenía ninguna base psicopedagógica o autoridad alguna para decidir algo así.

Así mismo les menciono que en todos mis años utilizando la metodología Davis®, nunca he tenido que apoyar a ningún alumno con dislexia o déficit de atención de dicho colegio, y aunque conozco niños que tienen esta problemática, sé que la escuela tiene sus propios métodos para apoyar a sus alumnos, por lo que sus padres nunca han necesitado buscar ayuda fuera de esa institución. Eso deja mucho que pensar sobre la eficiencia de mi búsqueda.

También solicité informes en el único colegio que había en aquel entonces, donde era evidente su apoyo a niños con problemas escolares. Me explicaron que dado que no todos los alumnos tienen problemas, sí manejan cierto número de alumnos con dichas características por grado, considerando que los alumnos con déficit de atención o dislexia, no son niños problemáticos, sino con un estilo de aprendizaje diferente, pero que por bien del grupo, mezclan alumnos con diferentes capacidades, minimizando la cantidad de alumnos con dislexia y déficit de atención para no sobrecargar al maestro, y dándole a los alumnos un apoyo extra en el horario de clases con un programa especial de parte de psicopedagogos especializados. También cabe mencionar que reciben de dos a cuatro alumnos "sombra", conocidos así porque son aquellos que no pueden estar solos y necesitan estar con ayuda dentro del salón de clases todo el tiempo. En mi caso particular, lo tomé como "opción B" como yo le llamaba, para tener a donde recurrir en caso de una gran emergencia o necesidad, si acaso mi hija lo requería.

Además, fui a buscar instituciones que me recomendaron, aunque no estuvieran cerca de mi zona, pero para mi sorpresa, aunque sean excelentes colegios, la demanda es tan alta que el cupo es muy limitado, con lista de espera, sin embargo, te permiten pagar un examen de admisión que está dividido en dos partes, la primera es de conocimientos, que para mi sorpresa, ninguna de mis dos hijas de primaria terminó, ya que no quisieron, y los maestros que las supervisaron, no las apoyaron (la de preescolar no tenía que hacer ningún examen) y para la segunda parte que es referente a la evaluación psicológica, ya ni las citaron. Lo que me dejó con un gasto, que ni siquiera logré la devolución del mismo, no les permitieron realizar la parte psicológica.

En el colegio donde admitieron a mis hijas, y siguen hasta la fecha muy contentas, el día de su evaluación, Lucía de nuevo se negó a hacer el examen, se sentó a llorar, arrojó su estuche e hizo un santo berrinche. Sin embargo, la psicóloga del colegio, se sentó con ella a calmarla, a escucharla e invitarla, en el poco tiempo que le quedaba, a terminar su examen. Mismo que, para nuestra sorpresa, terminó con muy buenos resultados, lo que sorprendió a la psicóloga.

Cuando me dieron los resultados, no quisieron admitirla porque veían un problema de conducta y de ansiedad; por lo que les expliqué que creía que esto se debía a que en el otro colegio no sabían ayudarla, que hasta ahora, año tras año escolar, siempre tenía junta con los maestros y el resultado era que no sabían cómo tratarla ni tenerla en clase, y siempre pedían que fuera a terapia para solucionar el problema, pero como le expliqué a la psicóloga, ni con terapia se solucionaba y, básicamente, el problema no era su conducta, sino cómo enfrentaba la tensión que le provocan los exámenes. Así que acordamos que solo se le admitiría en colegio si nos comprometíamos a tomar una terapia emocional.

Nos sugirieron en la escuela una psicóloga que da terapia de juego, pero como me quedaba muy lejos, decidimos ir a una terapia emocional breve con una psicóloga muy renombrada, Julia Borbolla[10], porque ella si estaba cerca de casa, y su terapia, básicamente, era como dice su nombre, corta, en pocas sesiones.

Este cambio de ambiente le favoreció enormemente a Lucía, sin embargo, no puedo decirles que ahí estuvo todo solucionado, y que no me llamaban de la escuela con frecuencia. En este colegio, cada dos o tres meses, tenía junta donde se evaluaba el trabajo de Lucía en casa, en las terapias, en el colegio y se buscaba cambiar, en conjunto, el enfoque o método con el fin de ayudarla. Tengo que confesar que, aunque les agradecía toda la atención, muchas veces lloraba de frustración y desesperación ante tanta exigencia, me llegó a enojar mucho sentir que mi hija estuviera todo el tiempo bajo la mira de todos los maestros y la psicóloga, pero también debo confesar que al final de cuentas fue parte del proceso de crecimiento, no sólo de Lucía, sino de toda la familia, ya que a lo largo de los años, logramos entrar en un ritmo familiar que dio buenos frutos, que hoy día disfruto enormemente.

CAPÍTULO 4

Nuevo Colegio. Nueva Terapia

Antes de que cambiara de colegio, mi hija asistió a una evaluación psicológica en Grupo Borbolla, un grupo de psicólogas que trabajan con niños y adolescentes, enfocado a que ellos mismos descubran sus estrategias para salir adelante de una forma amena y cálida, a través de diferentes talleres o sesiones individuales.

Lucía asistió en dos ocasiones para realizar su evaluación psicopedagógica con el fin de conocer sus debilidades y fortalezas, nos sugirieron ocho sesiones, en las cuales iban a tratar de forma inmediata su autoestima y ansiedad.

Esta terapia era un concepto diferente, agradable, que entusiasmaba a Lucía. Un niño como Lucía, cuando no se siente amenazado por el medio ambiente y fomentado en la terapia, es mucho más cooperador.

En esas ocho sesiones, Lucía aprendió qué podía hacer cada vez que sintiera ansiedad. Le enseñaron ejercicios para que pudiera regular y bajar la ansiedad, sobre todo en los exámenes. También detectaron su baja autoestima y la consecuencia que generaba, sobre todo con las amigas, por lo que me sugirieron que posteriormente, cuando se abriera un taller con ese enfoque, asistiera para tener estrategias que le permitieran tener éxito socialmente.

Todo esto tuvo buenos resultados para su cambio de colegio, terminó sus sesiones, vi a una niña más tranquila, y aunque creo que ayudó mucho ese comienzo, el cambio de actividades y de estrategias más enfocadas a las emociones que al aprendizaje, tuvo que seguir asistiendo con el tiempo a otras terapias, porque recaía en actitudes negativas que ella misma se creaba y sentía ante el fracaso.

Cuando nos dieron los resultados a los papás, el grupo Julia Borbolla nos sugirió una serie de obligaciones para ayudar a Lucía a lograr responsabilidad e independencia. Cabe mencionar que las propuestas son muy buenas y necesarias, en muchas ocasiones, nosotros como padres no permitimos que nuestros hijos hagan algunas cosas que les ayudan a ser responsables e independientes:

1. Levantarse solo (el niño puede poner el despertador).
2. Bañarse correctamente y en un tiempo razonable (5 a 8 minutos).
3. Lavase los dientes (por la mañana).
4. Salir rápido para ir a la escuela, club, etc.
5. Dejar lonchera en la cocina, completa con termo y recipiente.
6. Comer una verdura diaria.
7. Tomar sus pastillas (tarde y noche).
8. Cambiarse para su actividad deportiva o artística, y con el material listo con tiempo.
9. Hacer la tarea en una hora como máximo.
10. Dar libretas a firmar (firmadas por las maestras).
11. No olvidar libros y cuadernos para la tarea durante la semana.

12. Recoger su cuarto: ropa sucia en bote cerrado, zapatos y útiles que usó en su lugar, etc.
13. Bajar a cenar a la primera llamada, ya con pijama.
14. Lavarse los dientes después de cenar.
15. Listo para los scouts (a las 3:30 con uniforme completo y bien presentado).
16. Uñas cortadas por ella (cada semana).
17. Calificaciones con promedio de 9.0 para arriba (en una escala del 1 al 10).
18. Leer de 9:00 a 9:30 pm.

Lo que te da derecho a:

1. Bañarse por las mañanas.
2. Sentarse adelante en el coche en la ida al colegio.
3. Sentarse adelante en el coche en el regreso a casa.
4. Lunch al día siguiente.
5. Menú completo (5 minutos cada platillo).
6. Postre.
7. Algo a media tarde.
8. Sentarse adelante en la salida de la tarde.
9. Ver un programa de TV.
10. Jugar Nintendo (30 minutos).
11. Escuchar música mientras hace la tarea del día siguiente.
12. Invitar a un amigo el viernes.
13. Ver un programa de TV.
14. Que le hagan su cama y le recojan su cuarto.
15. Cenar (si no, solo leche con pan y sin compañía).
16. Escoger qué hacer 30 minutos antes de las 9:00 pm.
17. Adquirir equipo scout.
18. Entrar a internet 30 minutos cada semana.
19. Decidir dónde comer el domingo.

20. Premio especial.
21. Comprarle un libro cada vez que termine otro.

Esta lista de obligaciones y derechos son sugerencias, no están personalizadas, pero te permiten tener opciones para comenzar a hacer cambios dentro de tu familia.

Por experiencia propia, mi consejo es que cualquier transformación debe consistir en varios pasos para que se introduzca un cambio de disciplina, de labores y de dinámica familiar de forma progresiva.

Si un niño entre cuatro y cinco años puede manejar un "teléfono inteligente", también es capaz de realizar labores de ayuda en el hogar, esto, a la larga, le permitirá adquirir disciplina y seguridad en sus capacidades.

Ayudar en el hogar le da identidad, le permite formar parte del *equipo* llamado familia. En caso de que un niño no esté acostumbrado a realizar labores en casa, la sugerencia consiste en explicarle que, a partir de hoy, todos van a tener un trabajo que hacer en casa, así que se puede comenzar con manejar los hábitos personales que le permitan adquirir independencia y que fomenten el desarrollo de su madurez.

El procedimiento consiste en plantear un objetivo cada semana. Al terminar la semana, se le explicará que a partir de la siguiente, ya no se le va a recordar lo que tiene que hacer, ya que es su propia responsabilidad realizar lo que tiene que hacer sin que nadie se lo recuerde, aunque es probable que a veces trate de olvidar cómo se hace para ver si logra que los demás se lo resuelvan.

Se debe tener en cuenta que si retrocedemos a ayudarle por falta de tiempo, es probable que el niño vuelva a pedir que le ayuden con mayor énfasis. A esto se le conoce como un autosabotaje a tu disciplina. Sin embargo, siempre se puede volver a empezar, así es la vida educativa de un hijo.

Si retomamos cómo fue cuando enseñamos a nuestro hijo a ir al baño por sí mismo, hay que recordar que, en algún momento, supusimos que era una enseñanza o tarea imposible. Casi seguro, como muchos otros padres de familia, pensaste que te iba a tomar mucho tiempo, y sin embargo, como otras cosas en la vida de nuestros hijos, resultó ser en un plazo más corto de lo esperado y de forma no tan complicada. Por lo general, toma una semana que logren identificar cuándo quieren ir al baño y avisar, sin tomar en cuenta que a veces siguen con "accidentes" alrededor de un mes o dos. Al final, tuvimos éxito en la encomienda y aprendimos que solo fue cuestión de constancia y cariño. Así que armándose de paciencia, y constancia, es como se logra que los niños aprendan a independizarse y a realizar nuevas actividades dentro del hogar.

Es importante considerar las actividades que los pequeños pueden realizar encasa. Yo he encontrado en internet un listado que sirve de referencia para establecer las actividades de acuerdo a su edad y su desarrollo, aunque es importante considerar que cada quien conoce a sus hijos mejor que nadie, y es decisión de los papás determinar qué actividades puede o no realizar.

Al principio es importante que se le explique cómo se hace y porqué puede ser correcta o incorrecta la forma de colocarse la ropa, pero la segunda vez debe ser él solo quien lo intente, aunque no quede todo bien, esa "incomodidad" lo va a impulsar a hacerlo mejor la siguiente vez. Es fundamental prever el tiempo dedicado a esta tarea para no perder la paciencia y lograr que el pequeño disfrute hacerlo mientras se independiza de mamá o papá.

Surgen momentos donde se acompañan y fluye todo con serenidad.

Tareas dentro del hogar

La lista de tareas dentro del hogar son simples sugerencias de actividades que los niños son capaces de realizar si existe constancia. Cada familia elige cuáles y cuántas tareas son las que su hijo puede y quieren que realice. Recuerden que el objetivo es lograr que cada miembro aprenda a colaborar con su familia, ya que ésta la forman todos en equipo.

2 y 3 años	4 y 5 años	6 y 7 años	8 y 9 años	10 y 11 años	12 años y más
Guardar los juguetes en la caja	Alimentar a las mascotas	Recoger la basura	Cargar el lavavajillas	Limpiar los baños	Limpiar el piso
Poner los libros en su sitio	Limpiar los derrames	Doblar toallas	Cambiar focos	Aspirar las alfombras	Cambiar focos del techo
Poner la ropa sucia para lavar	Recoger los juguetes	Limpiar el piso con el trapeador	Poner la lavadora	Limpiar las cubiertas de la cocina	Aspirar y lavar el coche
Tirar las cosas a la basura	Hacer la cama	Vaciar el lavavajillas	Doblar/ colgar ropa limpia	Limpiar la cocina a fondo	Podar los setos
Llevar la leña	Recoger la habitación	Juntar los calcetines limpios	Limpiar el polvo de los muebles	Preparar una comida simple	Pintar paredes
Doblar los trapos	Regar las plantas	Quitar las malas hierbas	Echar spray en el patio	Cortar el césped	Ir a comprar comida con una lista

Poner la mesa	Limpiar y ordenar los cubiertos	Recoger hojas secas	Guardar la compra	Recoger el correo	Cocinar una comida completa
Ir a buscar los pañales y toallitas	Preparar bocadillos sencillos	Pelar papas y zanahorias	Hacer huevos revueltos	Hacer costura fácil (dobladillos, botones)	Hornear un pastel o biscocho
Limpiar el polvo de los zócalos	Usar la aspiradora de mano	Hacer una ensalada	Hornear galletas	Barrer el *garaje*	Hacer reparaciones simples de casa
	Recoger la mesa de la cocina	Cambiar el rollo de papel del WC	Sacar al perro		Limpiar los cristales
	Limpiar y guardar los platos		Barrer el porche		Planchar ropa
	Limpiar las manijas de las puertas		Limpiar la mesa		Vigilar a los hermanos menores

Hoy en día veo, como en mi caso particular, que muchos padres de familia hacemos todo en casa, y formamos hijos inútiles. Con el tiempo, me he dado cuenta de este error y, con mucha resistencia por parte de mis hijas, he ido cambiando algunas reglas y he implementado tareas como parte de sus obligaciones en casa para bien de la familia. Nunca es tarde para cambiar, pero el proceso debe de ser:

1. Decidir, en pareja, cuál va a ser la nueva obligación o tarea dentro del hogar. Es prudente escoger una tarea a la vez, para no abrumar y crear hábitos.

2. Claro: anotar y explicar que a partir de este día, la nueva obligación es...

3. Consistente, por parte de los padres, en ver que se cumpla la tarea. Entre hermanos puede que sea negociable un intercambio de tareas, pero hay que estar atentos que solo sea de vez en cuando, ya que esto es un principio de las primeras enseñanzas de negociación, pero no todos los hijos tienen las mismas habilidades para negociar y se necesita del apoyo de sus padres para hacerlo más justo.

4. Al mes, o cuando ya se crea adquirido el hábito de la tarea impuesta, se puede implementar una nueva.

CAPÍTULO 5

Taller del Club de las Amigas.

La labor de crear cambios dentro de casa en la dinámica familiar, así como revisar horarios y actividades, fue una tarea que realizamos mi marido y yo en conjunto, de forma progresiva y gradual, eligiendo, en primer lugar, aquellos que requerían prioridad, haciendo los cambios poco a poco, con la intención de alcanzar el éxito.

Lucía terminó la terapia breve, la sentí más serena, y las náuseas y los vómitos ya no eran tan frecuentes. Entró al colegio, donde le asignaron a una compañera en su mismo salón como su guía la primera semana, con la intención de hacerla sentir bienvenida e integrarla en los juegos. El resultado fue muy bueno para mis tres hijas; desde el primer día regresaron muy contentas e inmediatamente se sintieron parte del colegio.

Al mes de haber ingresado a la nueva escuela, Lucía ya contaba con invitación para ir al cumpleaños de una compañera, también comenzó su terapia del *Club de las amigas*. Me encantó que se le llamara taller y que fuera a través de actividades lúdicas, con un grupo de niñas de su misma edad, que lograran establecer un decálogo para tener éxito social.

El tipo de decálogo lo establecían sesión tras sesión. Aquí ya no se presentó el rechazo que ella sentía por las terapias, por la dinámica que manejan dentro de este taller, incluso, empezando por el nombre, la niña no va a una terapia, sino a un taller o club.

En este club, el aprendizaje fue respetar a sus compañeras; las niñas determinaban, en cada sesión una regla o norma que hubieran aprendido juntas en esa ocasión y la anotaban para comprender la forma idónea de buscar y mantener una amistad.

DECÁLOGO DE LAS AMIGAS

1. Respetar las cosas de las demás, pedir permiso para tomar algo que no es nuestro.
2. Ser amable, escuchar y comprender.
3. Ser sincero.
4. Ayudar cuando alguien lo necesite o pase por un momento difícil.
5. Aceptar y ser aceptado tal como somos.
6. Ser alegre.
7. Ser leal.
8. Jugar y compartir nuestras cosas.

Claro que toda la ayuda que recibió Lucía fue buena. Las citas en el colegio hablaban de una buena adaptación; sin embargo, persistía la preocupación por la actitud de Lucía dentro de escuela con las tareas y asignaciones, volviendo a un patrón de llantos y berrinches cuando las cosas se volvían difíciles dentro del ámbito escolar. Considerando que ya estaba otra vez etiquetada como la niña "llorona", y su gemela se quejaba y padecía la actitud de su hermana, ya que todas las otras niñas le cuestionaban a menudo el motivo de tanta lágrima de su hermana. El colegio me volvió a pedir que llevara a Lucía a terapia de juego con la Lic. Verónica Ruiz.[11]

Hasta ese punto, ya habíamos dedicado tiempo, dinero y esfuerzo para ayudar a Lucía a una integración exitosa y no se había logrado el resultado esperado. Lo que en un principio se volvió un cambio donde veíamos una niña sociable, feliz y entusiasmada por asistir al colegio, paulatinamente se volvió a frenar al comenzar los problemas académicos. Sí hubo avance, pero no fue suficiente, y ante la evidencia de los reportes de las maestras y la psicóloga, muy a nuestro pesar, tuvimos que buscar a la psicóloga de terapia de juego que el colegio sugería, porque evidentemente algo más faltaba.

Ya había ido a terapia de aprendizaje, y el avance fue lento, hasta que se estancó; ya había ido a terapia emocional breve y el avance fue notorio, pero se detuvo. Seguía sin entender por qué, si oficialmente su problema escolar era de atención e inmadurez, en un nivel leve, volvíamos a retroceder en este desarrollo escolar.

Mi teoría es que el hecho de que una niña sea feliz en un colegio es motivo suficiente para que eso sea lo que a ella misma le impulse a esforzarse lo suficiente para quedarse en la escuela, con las compañeras que la hacen feliz.

Sin embargo, para nuestra pena, volvimos a ver sus cuadernos incompletos, las quejas de la maestra notificándome que no realizaba sus tareas, y la psicóloga del colegio, pidiéndome que dejara que mi hija fracasara para que adquiriera conciencia.

Ése es un punto que a mí me causa mucha molestia en particular. Definitivamente, me costaba mucho trabajo dejarla fracasar, que si algo se le olvidaba de las tareas, no se lo pidiera a su hermana, sino que hablara a una amiga para buscar la solución y preguntara qué tenía que hacer y, si hacía falta, incluso llevarla a la casa de la amiga a fotocopiar el libro. Verla angustiada por el tema académico, hablando por teléfono a las niñas que más cerca vivían de nuestra casa y recorriendo en auto a recoger y fotocopiar apuntes de otras compañeras se volvió un problema, y no solo por el tiempo que me tomaba hacerlo, sino porque también tengo otras hijas que atender y todo se tornó complicado para la familia entera. Hasta ese punto, seguía yo haciendo todo sin delegar. Por supuesto, pasado un tiempo, dejé de hacerlo, aunque lo intenté en un principio, pero en una ciudad tan grande y con tanto tráfico, se complicaba la situación; así que aprovechaba que la hermana tenía la misma tarea y se la pedía.

Esa situación no podía quedarse así, dependiendo de su hermana, así que empezó la terapia de juego con la psicóloga sugerida por el colegio, porque era evidente que, aunque ya no estaba tan angustiada e insegura como antes, y aunque que tuviera herramientas para saber manejarse dentro de la escuela con las amigas, seguía presentando fallas para lidiar con la frustración académica y no lograba aplicar las herramientas adquiridas en las terapias anteriores. Por ello, con toda la esperanza del mundo, la llevamos a esta nueva terapia de juego, para que pudiera quererse más, adquiriera más confianza en sí misma y que nos ayudara con las dificultades, tanto escolares como familiares, que ya se generaban por parte de todos.

La terapia de juego es un modelo terapéutico establecido, reconocido y muy efectivo para el niño que ha experimentado situaciones de estrés emocional y que ha tenido un efecto observable en las pautas de su desarrollo normal. La terapia de juego utiliza el juego del niño como medio natural de autoexpresión, experimentación y comunicación. Jugando, el niño aprende del mundo y sus relaciones, somete a prueba la realidad, explora emociones y roles.

La terapia de juego le brinda al niño la posibilidad de manifestar su historia personal, liberar sentimientos y frustraciones, reduciendo las vivencias dolorosas y atemorizantes, aliviando la ansiedad y el estrés. [12]

La psicóloga recibía a Lucía una vez por semana; a los papás nos citaba cada mes y medio o dos meses para darnos avances de su terapia, establecía estrategias para aplicar en casa y, si era necesario, acordábamos cita en el colegio para hablar con las maestras y psicólogas y conocer el progreso.

En ese tiempo, lo que aprendimos fue a entender la frustración que sentía Lucía todo el tiempo, yo comprendí lo mucho que me presionaba la escuela para que la niña pasara de grado escolar, pero dejándola fallar. Me di cuenta que lo que más me preocupaba era que aunque yo siempre crecí sintiéndome distraída y no tan brillante dentro del colegio, siempre supe que podía aprobar el ciclo escolar, nunca reprobé; sin embargo, no veía en Lucía esa certeza, y eso también era porque ella misma estaba muy insegura y el colegio consideraba constantemente esa posibilidad.

Lo que a mí más me preocupaba era verla tan frágil en su autoestima, que creía totalmente que si repetía el año escolar mientras su hermana avanzaba, su autoestima iba a empeorar y se le podría reafirmar la visión de incompetencia que ella misma tenía.

El trabajo para ayudarla tenía que empezar conmigo misma. La psicóloga Verónica Ruiz me ayudó a ver dónde me estaba equivocando yo, dónde fallaba ella y cómo relegaba la valiosa aportación del papá, que para estas alturas tenía una actitud e influencia más positiva sobre ella, ya que la relación con mi hija estaba bastante desgastada.

Asistí a pláticas sobre el tema, como la de Martha Alicia Chávez, y leí su libro *Tu hijo, tu espejo*[13], comenzando un camino de crecimiento personal para poder ayudar a mi hija.

Aquí, el tema se volvió más personal, no podía ayudar a mi hija si no estaba bien yo primero. Me tomé el tiempo para darme cuenta en qué me estaba equivocando, qué es lo que no me gustaba de mi propia persona, y cómo reaccionaba a los problemas de Lucía, y así llegué a la conclusión de que debía trabajar más en mí misma.

Todavía no entendía cómo cambiar, pero me propuse enlistar lo que quería modificar, anoté en una lista qué no me gustaba, y qué me detonaba una reacción indeseada. Solo tomé una actitud por semana y trabajé en cambiarla, no siempre el modo que elegía, durante la semana me funcionaba, pero lo volvía a intentar la siguiente semana, con otra estrategia y hasta que lograba avanzar en un cambio, pasaba al siguiente. Esto es algo que, como maestra, se utiliza para modificar conductas en los alumnos o; como madre, en los hijos. Nunca se pueden cambiar todas las malas conductas a la vez.

Logré exitosamente acompañar a Lucía en las tardes sin decirle que se apurara con su trabajo, este tema era un detonante de problemas, tanto en ella como en mí y era muy estresante, pero lo cambié por sentarme en las tardes a su lado a trabajar, o a estudiar. En aquel entonces todavía escribía artículos para fomentar valores en periódicos y revistas. También me dedicaba a cambiar mis libros de preescolar para que pudieran entrar al nuevo modelo educativo que rige actualmente con base en competencias.

El resultado fue lograr un acompañamiento, en el cual Lucía dejaba de sentirse sola, abrumada de trabajo y frustrada porque su hermana hubiera acabado antes que ella. Luisa, en cambio, se volvió aficionada a realizar dibujos y actividades pedagógicas para mis libros, y aproveché para conseguir libros de trazo y recortado para que mejorara ese aspecto que aún le fallaba.

CAPÍTULO 6

Crecimiento Personal

Ése fue un momento en que me dediqué a aprender y enfocarme en mi desarrollo personal. Acepté cualquier recomendación que me dieran sobre los temas de aprendizaje y psicoterapia familiar.

Para generar cambios, tanto en mi hija como en nuestra relación, debía partir de mi propia transformación, puedo añadir que esto fue, en gran parte, motivado por la psicóloga Verónica Ruiz, ya sea con consejos sobre nuevas estrategias, así como con recomendaciones de lecturas que favorecen un crecimiento personal.

En este punto, mi relación con Lucía ya era muy tirante, con mentiras para ocultar sus fallas; por ejemplo, si faltaban apuntes, ella decía cuanta mentira pudiera para evadir su responsabilidad y evitar afrontar sus problemas. Por supuesto que llegaron los castigos; "no sales en todo el fin de semana hasta que copies todos los apuntes que te faltan y termines las tareas", por lo que varios fines de semana, en vez de descansar o salir de paseo en familia, se quedaba en casa terminando todo lo que no hacía en la escuela. Claro que no fue la solución, sino que empeoró la actitud de mi hija y las actividades escolares tampoco mejoraron. En este punto de nuestra vida, sentí que me estaba transformando en un monstruo con mi hija, y por supuesto, ella se estaba alejando de mí, y eso era justamente lo que no quería.

Comencé este cambio con la lectura del libro *Tu hijo, tu espejo* y su premisa: "No se puede cambiar lo que no se ve". A lo largo de mis años de experiencia como mamá, maestra y facilitadora Davis®, comprobé lo que es una gran verdad, "si no te incomoda, no cambias". Aquí era evidente que mi relación con mi hija era tirante, las cosas no estaban funcionando adecuadamente con sus mentiras, lo cual yo no estaba manejando adecuadamente y no estaba teniendo éxito; sobre todo, ella no sabía cómo remediarlo, ni yo cómo empezar a propiciarlo.

El primer paso fue detectar qué era lo que más me incomodaba para poder comenzar a trabajarlo. Elaboré una lista, corta gracias a Dios, de las cosas que me molestaban o me preocupaban, y comencé por la que más me hacía enojar, y eran las mentiras. Retomando lo que leí del libro de *Tu hijo, tu espejo*, te das cuenta que aquello con lo que te enganchas, con lo que más te enojas, tiene que ver totalmente con tu persona, tu relación con tu padre o tu madre, cómo se llevó a cabo y desenvolvió aquella relación y cuál fue el resultado.

Evidentemente, eran las mentiras lo que más me molestaba, porque yo fui una niña sumamente mentirosa, eso creó mucha distancia con mi familia y en especial con mi madre. Para ser más específicos, yo desde muy chica, originé una relación alejada con mi madre por decir tantas mentiras y, por supuesto, no quería que se repitiera en mi relación con mi hija. Todo lo que en algún momento me distanció de mi mamá, en la infancia o adolescencia, fueron las mentiras que yo decía y la forma en que mi mamá me regañaba o castigaba. Y ¿qué era lo que estaba yo creando? Exactamente lo mismo, mentiras, distancias y una mala relación.

Ya consciente de este detonante, decidí hacer lo necesario para arreglar las cosas, nuestra relación, a final de cuentas, y como suelo decírselo a ella, "tú eres más que una calificación, que una tarea no hecha o unos apuntes sin tomar". Claro que vale más nuestra relación madre-hija, que una nota, una calificación.

A pesar de que comenzaba a vislumbrar esta gran verdad, me seguía enojando mucho cuando le descubría una nueva mentira. Aquí, la psicóloga Ruiz nos aconsejó dos puntos importantes que nos ayudaron a comenzar a cambiar las cosas: la primera era prevenir situaciones detonantes, como revisar sus cuadernos, por lo que a partir de este momento, la revisión de apuntes quedaba a cargo de otro miembro de la familia, ya sea la abuela o el papá. En nuestro caso, fue su papá el que se encargó de revisar, supervisar y aconsejar a Lucía con sus tareas, y apuntes. Como mencionó la psicóloga, el padre suele tener una perspectiva diferente y un modo más práctico de resolver este tipo de situaciones, y aunque yo no estaba siempre de acuerdo con el modo, siempre iba a ser la mejor manera comparada con cualquier decisión que yo tomara, ya que en automático, yo reaccionaba con todos los sentimientos disparados al cien por ciento.

El otro consejo que nos dio la psicóloga, y que resultó muy importante para lograr este cambio, fue darle a Lucía, en el momento en que decía una mentira y que yo me daba cuenta, la oportunidad de recapacitar y redimirse, sin que hubiera un estallido de enojo por mi parte. Así que cada vez que esto ocurriera, justo en el momento en que me estaba diciendo una mentira, cambiar mi actitud a una más serena y en control, y le hiciera una pregunta o palabra clave que ambas acordamos para este tipo de situaciones. Por ejemplo: ¿Estás segura? o ¿Quieres volver a empezar? Eso le permitía a Lucía recapacitar, redimirse en el momento y poder decir la verdad sin que yo me enojara o hubiera una consecuencia explosiva que dañara la relación. Es un método que te permite salir de un círculo vicioso y tóxico.

También establecimos una palabra clave que me podía decir en el caso de que ella misma se diera cuenta de que lo que estaba diciendo era una mentira y quería cambiar lo dicho sin repercusiones, para lo que anunciaba: "un momento", "tiempo fuera" o "me equivoqué" y posteriormente mencionara la verdad. Todo esto con la condición de que yo no me enojara o la castigara por la mentira previa.

Así que, cada vez que me diera cuenta de que me estaba diciendo una mentira, le hiciera una pregunta o palabra clave que ambas acordamos para este tipo de situaciones, como: ¿Estás segura? o ¿Quieres volver a empezar?... Y eso le permitía a mi hija decir la verdad sin que yo me enojara o la castigara por la mentira previa.

Claro que esto no se logró tan fácilmente, y no quiere decir que no me enojara por las mentiras, o que el cambio fuera automático. Fue un proceso, el principio de un cambio que, a lo largo de los años, dio resultados positivos, ayudando a mejorar nuestra relación. Cabe mencionar que las mentiras disminuyeron gradualmente hasta poder manejar otras situaciones difíciles en cuanto a temas académicos se refiere, pero con la verdad de frente.

Ya si algo había fallado, era más fácil entender y abordar el asunto desde un punto de vista analítico, para que ella misma reflexionara dónde había estado la equivocación, que tratarlo con regaños y castigos. Y fue muy asertivo el cambio de actitud, ya que desde pequeños, hay que enseñarlos a pensar, no solo a ser obedientes.

Al enseñarlos a pensar se les abre la puerta a más preguntas, a que cuestionen todo, eso es lo que hoy en día se necesita más que nunca. La obediencia es cómoda, más hablando de educación, pero en la actualidad es obsoleta con tantos medios de comunicación abiertos y a su alcance. En la educación tradicional, ya en vías de extinción, los maestros y los padres inculcaban respeto y obediencia para hacer personas de bien, donde el objetivo era que memorizaran los conocimientos de los libros y lograran terminar una carrera para después trabajar y tener una vida digna. ¿Pero qué ocurre en nuestros días? El respeto sigue siendo un valor que no se da por sentado, se fomenta y se gana mutuamente, ser obediente hoy día es ser como un borrego, hacer lo que los demás digan, sin cuestionarlo, y los niños siguen esa línea. Si los padres de familia batallan con múltiples preguntas y cuestionamientos por parte de sus hijos, piensen en el bien que les hacen al tomarse el tiempo de escucharlos, porque si no les responden sus padres, va a ser el internet quien lo haga y en realidad no se sabe qué respuestas van a encontrar, pero además y muy importante, el mundo actual se mueve a tal velocidad en cuanto a información, que lo mejor es que cuestionen y busquen contra opiniones para formarse la suya propia. Yo, por lo menos, es lo que deseo en mis hijas. En cuanto a creer que hoy en día se tiene asegurado el éxito con una carrera, ya está demostrado que no es igual, la globalización nos cambió la perspectiva del trabajo y nos obliga a estar implementando nuevos recursos para estar al día. Así que les aconsejo que no se agobien con todas las preguntas, mejor que las hagan, y sí, entiendo perfectamente que a veces son demasiadas preguntas y no sé todas las respuestas, pero anoto las preguntas y aprendemos algo nuevo cada día.

En cuanto a la forma de corregir, creo que fue muy asertivo cambiar el modo de hacerlo, ya que cuando eran más pequeñas, yo usaba el típico modo de ordenar con frases cortas lo que podían y lo que no podían hacer. En una temprana infancia, fue un recurso muy útil, donde los límites estaban bien marcados y la rutina era base fundamental de su día a día. Para lograrlo fueron muy útiles los consejos del libro *Porque lo mando, yo* [14]. No hablo de un capítulo entero de todo lo que leí ahí, pero los invito a que si tienen hijos pequeños, lo lean y rescaten lo que les sirva.

Estos son algunos conceptos que me fueron útiles:

1. Los padres tenemos que ser equipo con la misma visión en la educación de los hijos. No sirve de nada que un padre establezca una regla y el otro dé otra que sabotee

la educación. Yo, en lo personal, considero que no es obediencia ciega lo que se les debe inculcar desde pequeños a los niños en casa, es cuestión de sensatez, tener las mismas reglas y rutinas establecidas que le permitan a un hijo crecer dentro de un ambiente claro, tranquilo y rutinario. Esa rutina, esas reglas le dan seguridad para enfocarse en su propio desarrollo y en la exploración del mundo. En artículos que he leído, he notado que muchas personas no están de acuerdo con este libro y los sucesivos que Rosemond escribió, pero como decía anteriormente, no podemos ser ciegos en cuanto a la obediencia, podemos como adultos que somos, leer un libro, tomar lo que nos puede ser útil en nuestra vida y desechar lo que no nos convence.

2. Me funcionó mucho el motivo que inspiró al autor a escribir este libro, establecer una jerarquía en casa, en la cual, los padres son los que dictan las reglas, y ya sea que sean correctas o no a los ojos de los demás, si en esa familia funcionan creando un ambiente de armonía, es la regla correcta. Hoy día veo que muchas familias han perdido ese balance que dan las jerarquías. Ya no son los padres los que mandan, son los hijos, y eso es un gran daño en el sistema familiar. Como dice en la contraportada del libro de Rosemond, de una carta del famoso actor Ricardo Montalbán a su hijo: "...no hice campaña electoral para ser tu padre. Tú no votaste por mí, somos padre e hijo..." "Podemos compartir muchas cosas, pero no somos compañeros: soy tu padre y eso es cien veces más que un cuate". Definitivamente, me sumo a su forma de pensar, no soy tu amiga, soy cien veces más que tu amiga, soy tu madre y quiero estar en mi papel como madre para ti.

3. Si mis hijas tienen que tomar una medicina, no hay opciones para que elijan ellas si la quieren tomar o no, la toman y con esa tranquilidad de saber que es lo mejor para ellas, se los comunico sin darles la opción de preguntarles sus deseos. Eso también incluye horarios de salida de las fiestas infantiles (los 5 minutos más no estaban en su repertorio como en el de muchas otras mamás) el horario de baño y de televisión no fue cuestionado, era el que yo elegía y nunca consideré a mis hijas unas "borregas" por ser obedientes.

4. Educación es un estilo de vida con el que crecieron a pesar de la timidez de una de mis hijas, ¿no quieres dar un beso de saludo? No lo des, te acompaño a dar la mano a tu familia. Que no es lo mismo que a la gente desconocida de la calle. ¿Y qué ganaron ellas?, la familiaridad de vivir con educación y buenos modales a donde quiera que la vida las lleve. No es mi premio que me digan "qué bien educadas están", es su posibilidad que a lo largo de su vida, los buenos modales, saludar, pedir las cosas por favor, dar las gracias, etc. les han ganado el respeto de sus maestros y les abre puertas para una futura relación, un trabajo o lo que sea que les toque vivir. Y sí, tengo que decir que, tristemente como maestra, como mamá que recibe visitas en casa, he descubierto que no todo el mundo lo aplica, y creo que es un error no tomarte el tiempo de corregir y formar el carácter de tus hijos, ya que muchos de los problemas que se presentan en la adolescencia vienen desde que son pequeños por falta de educación y límites.

Este libro de cabecera, en la infancia de mis hijas, me ayudó a seguir una estructura que todos los padres debemos de establecer, independientemente de las costumbres de cada familia. Como padres, es muy importante ejecutar un plan preestablecido de común acuerdo. No sirve censurar a los otros padres, porque después de todo, a nadie le gusta que le corrijan las reglas y la dinámica familiar. Eso incluye a los abuelos y familiares bien intencionados que nos advierten de nuestros errores.

Cuando las cosas dejaron de funcionar, porque la dinámica familiar cambió, seguí buscando ideas y leyendo libros, así como tomando cursos para poder hacer el trabajo de mamá de la mejor manera. *Porque lo mando yo* se volvió obsoleto conforme crecieron las hijas, y la dinámica familiar y las reglas necesitaron cambiar para cubrir las necesidades familiares. Así que ahí comenzó un cambio más. El curso de verano fue una enseñanza para valorar cada uno de sus sentimientos, entenderlos y permitirse tenerlos. Les enseñaron a saber identificar cada una de las emociones con la intención de saber ser empáticos y asertivos con los demás, así como entender qué detona cada emoción en cada persona y en sí mismo.

Por otra parte, fue incentivarlas a ser independientes, que hasta ahora, no había sido una prioridad en casa, pero que a partir de ese momento, comenzó a ser una señal a seguir y que todavía continúa siendo importante, a pesar de sus astutas intenciones de evadir la libertad que trae responsabilidades y que mis hijas no quieren asumir, excepto en contadas ocasiones

CAPÍTULO 7

Inteligencia Emocional y Familiar

Inscribí a mis tres hijas, a un Taller de Inteligencia Emocional[15] durante el verano, a cargo de su fundadora la Lic. Margarita Ávila, psicoterapeuta; y me apunté a un curso especialmente dirigido a madres y padres de familia, de la misma temática para retomar en casa los puntos que me convencieran, y así continuar con los cambios necesarios en la dinámica familiar, ahora que ya crecían las niñas y ser "obedientes" ya no era una necesidad.

Requería que todas aprendieran a sentirse seguras de sí mismas, con confianza en sus habilidades y que les gustara su forma de ser. Sobre todo, justo en la etapa en que ya comenzaban a notarse los cambios hormonales típicos de su edad, cuando empezaban a surgir las comparaciones que cada una de ellas hacía entre sus hermanas o compañeras, y los cambios les generaban tanta inquietud en su prepubertad. Sus amigas también empezaban a cambiar, y algunas se adaptaban y otras luchaban por conservar su infancia. Es un momento lleno de dudas.

Es normal que a esta edad, nueve y diez años, todo les ocasione duda, todo lo cuestionan, ya que es el principio de la preadolescencia, un momento en que comienzan a descubrirse, a cuestionarse quiénes son, para llegar en un futuro a una autodefinición sobre sí mismas, cuando sobrevienen las dudas y las comparaciones. Para mí, también implicó un cambio, otro más. Igualmente, tuve dudas y para poder guiarlas y acompañarlas, debía definir mi papel, mis reglas y no solo basarlas en los errores que traía como resultado de mi bagaje personal y que, como mencioné en el capítulo anterior, determiné dejar a un lado y recomenzar para no repetir patrones que no estaban funcionando en la dinámica familiar.

En el curso de verano, a través de dinámicas y juegos, las niñas tocaron temas como quererse, cuidarse, aprender a no temer ser independientes, ya que no depender de los demás es parte fundamental de la autoestima y el comienzo del camino a una madurez futura. Aprendieron a hablar de sus sentimientos y a aceptar los de los demás.

"Quererse a sí mismo implica cuidarse"; qué verdad tan cierta y tan profunda para un niño, que aprender desde pequeño a ver por sí mismo, porque en la adolescencia es muy importante tener este concepto bien fundamentado, valorar sus cualidades y habilidades y acrecentarlas. En una dinámica entre hermanos, los celos surgen de la falta de seguridad en sus propias cualidades. La competitividad es una capacidad humana irremediable, que puede impulsar a mejorar o probar algo nuevo, pero lo que es muy importante es no tener miedo al error o al fracaso. ¿Cuántos niños y adolescentes carecen de esta inteligencia emocional, y adultos? Ni que decir, empezando con mi propia persona.

Cuando las cosas no salen como tú esperas en tu trabajo, tu familia o tu pareja, no quiere decir que todo esté mal; la vida es una serie de lecciones que tienen que irte llevando a cambiar, a superarte para adaptarte y vivir sin cobardías. Por supuesto que surgen las dudas. Cuando nacieron mis hijas, nunca pensé en estudiar y leer todo lo que hasta ahora he hecho, yo pensaba que ya todo lo tenía resuelto, que íbamos a ser muy felices y amorosos todos. La gracia de la inmadurez; piensas que vas a ser feliz el día que te cases o tengas la pareja estable y amorosa que deseas a tu lado; vas a ser feliz el día que vivas en ese lugar que tú quieres; que vas a ser feliz el día que tengas el trabajo soñado; vas a ser feliz cuando tengas hijos; vas a ser feliz cuando dejen el pañal y entren al colegio... Y sí, es un gozo, pero también es parte de la naturaleza humana querer más. Sin embargo, la felicidad no reside afuera, en las cosas materiales, en los demás, reside en uno mismo y cómo afrontas y te adaptas, en cómo te cuidas y te proteges, qué haces por ti y no sólo por tu familia, y de ese ejemplo, vive, respira y se forma una familia. Así que el esfuerzo empieza en uno, como padre o madre.

En el curso para padres y madres, la invitación es reconocer las emociones, qué las ocasiona y aceptarlas, también es romper patrones que nos hacen daño; entender el hilo conductor de la emoción que rige un patrón y buscar antídotos para generar el cambio y, finalmente, reconocer la transformación. Son ejercicios como cualquier otro que permiten modificar tu conducta.

Si hace falta más apoyo, la terapia es otro punto de partida, pero un cambio, por pequeño que sea, es útil, y lo que esta familia necesitaba era orientación para generar cambios.

Suena fácil, pero no lo es, porque aunque te enseñen cómo detectar qué esquema o patrón está generando dicha emoción, es útil que te permitas sentirlos, analizarlos y dejar que fluyan, pero a mi trabajo de crecimiento, en cuanto a inteligencia emocional, todavía le faltaba mucho. Lo que sí puedo añadir, es que el cambio seguía presente. En pequeños pasos, pero con constancia, y no quedó ahí, se tuvo que trabajar más en otros aspectos. Estoy muy agradecida con la psicóloga Margarita Ávila por mirar y acompañar con cariño nuestras emociones; por fin encontramos a alguien que nos dijera qué hacer cuando surgen, como un monstruo dentro de uno.

En el curso, descubrí que, como yo, mucha gente no sabe lidiar con sus emociones y sus patrones. Esto es muy importante, porque demuestra que en las escuelas no hay un programa que toque el tema y enseñe a los niños cómo trabajar con ellos, y lo único con lo que contamos, como seres humanos que somos, para lidiar con las emociones y los patrones, es lo que traemos de casa, lo que nosotros sabemos hacer para trabajar con las emociones, como hijos que fuimos, es repetir patrones.

Los valores se aprenden en casa, los valores universales se enseñan en la escuela, pero las emociones, habría que enseñar a identificarlas y canalizarlas en la escuela, para poder romper patrones nocivos y crear nuevos.

CAPÍTULO 8

Psicoterapia de Juego.

Las cosas en la escuela no siguieron tan bien para Lucía. Tercero y cuarto de primaria fueron años difíciles, y conforme avanzaba el tiempo, seguíamos arrastrando la problemática del bajo rendimiento escolar. Lucía continuó con psicoterapia de juego con la Lic. Verónica Ruiz para reforzar su autoestima y disminuir su frustración al presentar los exámenes.

Tanto en el colegio como en casa, estábamos muy conscientes de que algo no funcionaba bien, había días buenos y días malos, mucho llanto, pero ya con la bandera que nos regía para Lucía de: "eres inteligente, tienes cualidades y no nos podemos guiar y mucho menos calificarte por una mala nota", la actitud empezaba a mejorar en casa. En la escuela, cambió de amigas porque las de antes dejaron de buscarla. No es fácil, preocupa, pero si les sirve de consuelo, siempre va a haber alguien con quien tu hijo se identifique. Los apuntes seguían faltando, por lo que ella dedicaba sus tardes a copiar los de su hermana, y de ese modo estudiaba y repasaba lo visto en el colegio, más la tarea, la cual seguía siendo muy larga para ella, pues le llevaba más tiempo que a su hermana.

Eliminamos la televisión de lunes a jueves por las tardes, ni siquiera para la hora de la cena, como antes solía ser, ya que por lo general, todavía a esa hora, Lucía seguía haciendo la tarea.

No fue fácil imponer esta regla; por supuesto, las niñas trataron de resistirse con distintos argumentos, pero al final, la decisión fue definitiva y fructífera para todas. Hasta que lo sacas de la ecuación, te das cuenta lo mucho que se pierden los hijos por estar frente al televisor. A partir de ese momento, entraron los juegos de mesa, los libros para recortar y colorear, las actividades manuales, tejido, actividades que beneficiaron a todos en casa.

También implementamos una sesión al mes con la psicóloga, ya no con los papás para orientarnos en la dinámica familiar, sino con las hermanas, en una especie de intento de mejorar la dinámica entre ellas, desde decálogos, donde establecieron reglas de convivencia de común acuerdo, hasta dinámicas que ayudaran a lograr empatía entre ellas.

Cabe mencionar que todavía es una lucha romper con los patrones que ellas mismas pusieron en su relación, y solo es cuestión de ellas aprender a encontrarse en la vida y, actualmente, sigue siendo un cambio en proceso.

Y con esto me refiero que a la fecha, me doy cuenta de que no puedo esperar que lo que una hace muy bien, ya sea en el aspecto social, deportivo o académico, signifique que la otra hija también vaya a tener éxito. Entre tres hermanas, suele ocurrir que una se lleva mejor con otra, y los celos surgen y los pleitos también; pero como en otras ocasiones he mencionado, y en nuestras pláticas también, yo como mamá, no puedo cambiar a los demás, cada quien es responsable de su propio cambo; incluso tu hijo de nueve años, si le incomoda que traten de cambiarlo, los padres solo están para escuchar, acompañar y orientarlo en su intento de cambio. Y sí, a mí me cuesta mucho trabajo dejarlas fracasar, ver cómo siguen errando, pero no me queda más remedio que fungir como observador y apoyarlas, porque sí les he hecho notar sus errores y lo seguiré haciendo, si lo considero necesario. En lo que ya desistí, es en tratar de suavizar el golpe y evitarles sus errores, si no se incomodan, no van a cambiar, y eso les hace más daño a la larga que las lágrimas que ahora, en su infancia, tengan que derramar para madurar y crecer.

Ya en esta parte de su vida, tomé un diplomado de Psicoterapia de Juego en la Asociación Mexicana de Psicoterapia de Juego A.C. para aprender más sobre las estrategias que vivía Lucía. Me encontré rodeada de un grupo diverso y, por lo mismo, rico en variedad de opiniones que, entre psicólogas, pedagogas, hasta psiquiatras y psicopedagogos en diferentes corrientes y trabajos, me dieron la oportunidad de empaparme en conocimientos que me encantaban y que me permitían retomar las riendas de mi familia con mayor seguridad.

Al poco tiempo, una amiga me sugirió que llevara a Lucía con una facilitadora Davis® para que le hicieran una evaluación, ya que a su hijo le acababan de detectar dislexia y notaba que muchas de las características y actitudes de su hijo coincidían con las de mi hija, y que eran factores en común con la dislexia. Pensando que era un giro nuevo, solicité una cita para que le realizaran la evaluación.

Lucía ya solo asistía con Verónica Ruiz a psicoterapia de juego y tenía poco tiempo de haber dejado la terapia del programa psicopedagógico de Mariana Buschbeck; en parte porque ya le habían dado las herramientas para seguir trabajando en el colegio, y por otro lado, porque ya la notaba sobrepasada en actividades fuera del colegio. Sin embargo, ir con la facilitadora Davis®, que me habían recomendado, era algo que no quería descartar, tenía que escuchar lo que aquella persona pudiera decirme y, para ello, tenía que llevar a Lucía, a pesar de que aún la sentía como una niña saturada de actividades y problemas.

CAPÍTULO 9

Escuela vs. Hogar

En mi búsqueda por encontrar una solución para los problemas de Lucía, investigué primero qué era el Método Davis®16, donde trabajaba la facilitadora que me recomendó mi amiga.

Después de buscar en internet información sobre esta Asociación, escuché palabras que hasta ahora no había conectado con mi hija, como en lugar de dificultades, su problema de aprendizaje aquí era un don, una forma diferente de pensar, así que decidí sacar la cita para su evaluación aunque tuviera que convencer a mi hija de asistir, aún en contra de su voluntad.

La evaluación duró una hora, después de lo cual me explicó la Facilitadora Davis®, Silvia Arana, que Lucía tenía dislexia y por eso todo lo hecho hasta ese momento, en cuanto a terapias se refiere, había ayudado a Lucía, pero en ese punto coincidimos en que todo avance, por muy bueno que fuera, siempre quedaba incompleto o nos dejaba con la sensación de que no la había ayudado lo suficiente.

Cada vez que Lucía empezaba una terapia, en el reporte de evaluación, la nota era la misma: "tiene déficit de atención", pero es tan leve, así como su inmadurez, que con un empujoncito ya se puede poner al día, ya que también teníamos que tomar en cuenta una ligera inmadurez, que con el tiempo también se iba a ver reflejada en su avance. Y así pasaron las terapias y los años, a empujoncitos, con avances, pero sin terminar de alcanzar su potencial esperado.

El resultado, después de conocer a Silvia Arana, fue que Lucía tenía dislexia, y que era candidata al programa Davis®, siempre y cuando ella quisiera tomarlo, pues se mostraba renuente a colaborar. Quedamos de avisarle posteriormente nuestra decisión, ya que platicáramos las dos a solas con su papá.

Al salir, lo primero que me dijo Lucía es que no tenía ningún interés en asistir a otra terapia más. Estaba cansada y, aunque yo quisiera llevarla a que tomara este programa, ella no tenía la actitud requerida y no me quedaba más que dejarla pasar.

Ya yo, sola en casa, medité sobre lo ocurrido y lo que sentía era un enojo muy grande, no entendía qué acababa de pasarme, cómo era posible que tantos años viéndola diferentes psicólogas y terapeutas, nunca le hubieran detectado la dislexia, de verdad que no entendía, y mi enojo creció. Si la psicoterapeuta con especialidad en neurología no lo detectó, cómo en una hora de evaluación con la facilitadora Davis® se pudo llegar a dicha conclusión, cuando la psicóloga tardó varias horas y estudios. Además, yo no veía que Lucía volteara las letras. Sentí que no hice las suficientes preguntas, así que abrí la página de internet de Davis® Latinoamérica y llamé por teléfono a la directora.

La directora de Davis® Latinoamérica, María Silvia Flores, me explicó un poco más en qué consiste el Programa Davis®, y cómo ayuda este método a niños que padecen dislexia y déficit de atención. Claro que muy apenada por mi actitud, quedé de llamar más adelante cuando yo notara que Lucía quisiera cooperar y tomar este programa.

Para equilibrar entre las expectativas del colegio, las exigencias del mismo, las sugerencias de la terapia (con o sin resultados al cien por ciento), así como las propias de la familia, se formó un conjunto de requerimientos, a los que se debía dar estructura y orden para poder funcionar.

Las quejas no tenían cabida, debíamos empezar un día a la vez, y la disciplina tenía que volver a cambiar, ya que para sexto de primaria, mi marido y yo nos sentamos a organizar cómo queríamos nuestra familia, y con base en esa nueva expectativa, nos pusimos de acuerdo en nuevas reglas.

No fue la única vez que cambiamos las reglas, éstas siguen cambiando conforme mis hijas cambian; los permisos, horarios, calificaciones, tareas, etc., porque lo importante también es entender que no te puedes quedar con las mismas reglas de cuando eran pequeñas, ya que hoy día ellas ya han crecido, y así como crecen, cambian y sus intereses varían. También mis exigencias y mis expectativas deben ser diferentes y evolucionar. Los cambios escolares y las exigencias no eran los mismos, por eso también teníamos que replantear las expectativas que tenía el colegio, pero todo esto se pudo ir conciliando debido al seguimiento de Davis®, y con el apoyo de la psicoterapeuta de juego, ya que conforme surgían los retos, íbamos seleccionando diferentes estrategias a seguir.

Retomé las estrategias de las diferentes terapias, ya que lo que a veces no funciona o no se logra establecer adecuadamente, con los nuevos avances sí se consigue.

Claro que es muy importante tener una buena relación, estable, clara y amorosa, sobre todo antes de entrar de lleno a la adolescencia.

EN CASA

1. Ya no regañaba a una niña, sino al comportamiento; ya habíamos comenzado con este cambio, pero ahora más que nunca, se reforzaba la forma en que nos dirigíamos al llamarle la atención. Es muy importante dejar de señalar errores, actitudes que propicien más problemas entre las hermanas, ya que al regañar a una niña por molestar a su hermana, muchas veces se evidencia que una abusa, que la otra es una "víctima" y se crean círculos viciosos y competitivos. Así que los regaños fueron:
   - "En esta casa nadie insulta a los demás" (ya no regañaba a una hija por molestar a la otra).
   - "En esta casa nos respetamos y nos queremos".
   - "No me gustan los gritos".
   - "Esta calificación está muy baja, ¿qué pasó?"
   - "¿Cómo vas a solucionar este problema?"

   Este cambio de estrategia ayudó a empoderar a cada una de ellas y a responsabilizarlas de sus acciones. Sin embargo, a pesar de que es más exitoso el resultado porque no te permite, como padre de familia, caer en el círculo vicioso de enojarte —por lo menos no tan fácilmente—, si se requiere establecer que la relación debe ser equitativa y proteger a la más pequeña de mis hijas. Luisa, por ser tres años menor que sus hermanas, no puede ni tiene las mismas habilidades para enfrentarse a ellas, y es por eso que todavía entra en juego la participación de mamá; al final, yo tengo la última palabra, y si las cosas no funcionan, puedo intervenir, aunque mi papel gradualmente fue más de acompañamiento que de juez. Esto me abrió las posibilidades de hablar cada vez más con ellas, sanar más los lazos con cada una y que, hasta la fecha, me ha servido para establecer una mejor comunicación.

2. Le regalé a cada una de mis hijas un lindo cuaderno de hojas suaves, fácil de abrir para que pudieran llevar un diario de emociones, o dibujar cualquier cosa que se les antojara cada día. Para Luisa, fue un cuaderno donde podía dibujar sus pesadillas y que quedaran atrapadas ahí. Para Lucía significó que podía escribir lo que quisiera, nadie lo podía leer, iba desde poesías, hasta canciones y pensamientos. Aún sigue escribiendo, plasmando emociones. Lo único que es muy importante, y hay que recordar, es que siempre hay que escribir algo que agradecer, eso expande el espíritu y las experiencias diarias.

   Lo importante es acostumbrarse a anotar una cosa cada día, por lo menos, sin estar obligados a hacer una gran redacción.

   Victoria fue menos constante y más reservada de su diario. Cada niña es diferente y hay que respetarlo.

3. Establecimos una caja donde podrían anotar sus quejas, para después darles solución si ellas no encontraban cómo arreglar una situación. Esta estrategia no sirvió en mi dinámica familiar, el buzón de quejas nunca fue usado, pero no quiere decir que no pueda funcionar en otras familias o incluso en el colegio.

4. Escuchar, pero de verdad, con todos mis sentidos, de todo corazón, sin intervenir, sin abrazar, sin juzgar.

5. No dar lecciones, ni repetir reglas, solo cuestionar para que ellas mismas se den cuenta de lo que pasó, concienticen su hacer y ellas mismas busquen sus

soluciones: ¿Qué pasó? ¿Si pudieras hacer algo diferente, qué harías? ¿Cuál es la regla para esto?

6. Dejar en claro que:

- Si ensucias... te toca limpiar.
- Si perdiste... repones.
- Si fallaste... vuelve a intentar, así se aprende, como los niños chiquitos, a base de ensayo y error.
- Ofendiste... discúlpate.

Es importante recordarlo, a veces con resignación, a veces con cariño, pero no con enojo, en la medida de lo posible, ya que nosotros, como padres de familia damos ejemplo, somos humanos y cometemos errores.

7. Decirle, por lo menos una vez al día, algo que refuerce conductas positivas, por ejemplo: "Me encantó como ayudaste a tu hermana con la tarea." Al principio puede uno detenerse a pensar y buscar cosas buenas. Al final del día, todos hacemos algo bueno, y para ayudar a cambiar nuestra actitud a una más positiva, necesitamos saber que podemos hacer cosas buenas.

8. "Para nuestros hijos, cómo los veamos, con todo nuestro cariño, cómo hablemos de ellos a otras personas, cómo nos expresemos ante ellos y otras personas, ellos lo ven, y lo sentirán. Como los veas tú, ellos se verán."

9. Darle la confianza de pedir ayuda, o tutorías con maestros fuera del colegio con quien pueda tener mayor afinidad, las veces que sea necesario, sin queja de mi parte y por el tiempo que desee. Establecer una clara comunicación entre las dos para seguir sus propios instintos, empoderarlas con base en sus habilidades y fallas, así como estrategias que ellas mismas buscaran

solucionar sus problemas. Lucía marcaba cuándo empezaba a tomar clases extra, y cuándo parar.

10. Buscar actividades que las ayudaran a encontrarse a ellas mismas, a descubrir sus propias habilidades y a probarse a sí mismas, es algo fundamental para cualquiera, más en la preadolescencia y durante la adolescencia, pero si además tiene problemas escolares así como sociales, es fundamental buscar que esa actividad incremente su autoestima. Por favor, nunca le busques actividades que sean opuestas a sus intereses o que no tengan dicha finalidad. En un principio, en el caso de Lucía, entró a una obra de teatro, lo que le ayudó a moverse frente a otras personas y lo disfrutó mucho. No quiso ser el personaje principal, porque le preocupaba equivocarse y por el tiempo que requería para estudiar el texto, pero su papel secundario le dio la satisfacción de sentirse bien consigo misma. Posteriormente, ingresó a clases de canto y de pintura, dado su gran sentido artístico que necesitaba aprovechar. Cuando, más adelante, en la secundaria tuvo problemas de socialización, busqué un grupo, en este caso de la Iglesia (podrían ser los Scouts), donde se relacionara con chicos y chicas fuera de su ambiente habitual del colegio, "en el que no se sentía bien recibida", donde pudiera descubrir nuevas formas de relacionarse con otros, con actividades que le divirtieran y se sintiera acogida. Esto fue fundamental para ayudarla a crecer emocionalmente, y entender que si en el colegio se sentía rechazada, no iba a ser así en todas partes. El año y medio que asistió le permitió buscar nuevas compañeras más afines a ella dentro de la escuela, haciéndola sentir, por fin, feliz en su colegio.

Hay que ayudarles a abrir nuevas puertas, no saben, pero para eso estamos los padres de familia.

EN EL COLEGIO

En las instituciones educativas, los maestros ya no pueden lavarse las manos ante la situación de esos niños que se salen de la *zona de confort*, contraria a la de los alumnos que tienen una forma más rápida de procesar la información enfocada a la lectura y a la escritura.

Los maestros ya no pueden enseñar, como antes se hacía, dando los conocimientos a un grupo callado de estudiantes. Los avances tecnológicos y la cantidad de información que reciben los niños y jóvenes hacen obsoletas las estrategias de aprendizaje, por eso los maestros tienen que observar a su grupo y establecer la forma más adecuada para sus alumnos e innovar junto con ellos para lograr llegar a ser un maestro con toda las implicaciones que el título ofrece.

Como sugerencia, los maestros deben buscar el apoyo del director y de sus compañeros para lograr la preparación adecuada de las lecciones, así como ampliar el repertorio de ideas y nuevas estrategias de aprendizaje para que logren alcanzar el objetivo de su trabajo como educadores.

Es importante separar la idea de que los maestros están, no solamente para enseñar las materias, sino también para formar a sus alumnos en los valores universales, así como educación sexual. Una cosa es que la escuela apoye a los padres con ciertos talleres para estar todos en la misma sintonía educativa y ética, y otra es exigir y esperar que sean los maestros los que se encarguen completamente del trabajo que a nosotros, como padres, nos corresponde.

Sin embargo, no hay que perder de vista la calidad de profesores que se necesita dentro de las aulas: maestros comprometidos, empáticos con cada uno de sus alumnos, con buena disposición, responsables y resilientes.

El desempeño dentro del salón de clases tiene que ser consecuencia de una preparación anticipada para tener un objetivo o finalidad, pero con la flexibilidad que implica tratar con grupos donde la diversidad enriquece a la comunidad.

¿Qué puede hacer un maestro con aquel alumno que no está al parejo del grupo?

1. Debe buscar en qué sí es bueno, aprovechar sus cualidades para lograr llegar a él.
2. Igual que los padres, tiene que apoyarlo, escucharlo e identificar lo que siente y piensa para poder encaminarlo a que encuentre soluciones. Que el mismo niño encuentre soluciones es muy diferente a que invente estrategias para su problema de aprendizaje, pero si ya tiene estrategias establecidas, el maestro puede enfocarlo a que las utilice para que logre el aprendizaje.
3. Apoyar a sus padres para encontrar estrategias y rutinas que permitan darle seguridad, disciplina y responsabilidad para que pueda, a su ritmo, esforzarse para lograr cumplir las expectativas escolares. Esto incluye que si hace falta que lea todos los días diez minutos en casa, también apoyarlo en el colegio para que el avance sea más efectivo.
4. Realizar una clase constructivista, donde el conocimiento se viva y se experimente. Hoy día, hay que aprovechar las nuevas tecnologías para que sean un instrumento que permita a los alumnos alcanzar un aprendizaje más profundo. En la actualidad, la tecnología es una aliada

para impartir conocimientos, así como las vivencias y los experimentos que nos permitan llegar a construir l el aprendizaje. Cuando se le da a un niño un "teléfono inteligente" o una computadora para llenar su tiempo libre, se pierde valioso tiempo en el desarrollo del infante.

5. Es importante no perder de vista que en clase se debe dotar a todos los alumnos de la posibilidad de **escuchar, ver, experimentar** y **moverse** para que el conocimiento pueda ser asimilado por cada uno de los alumnos, independientemente de su forma de procesar la información o su capacidad perceptiva predominante.

6. No etiquetar a los alumnos, y además enseñarles a quitarse las etiquetas que les pongan los demás, así como las que ellos mismos se ponen.

7. Seguir la disciplina, ya que de este modo se dota de herramientas para alcanzar el éxito.

8. Permitirle a cada alumno vivir las consecuencias de sus actos para estimular la responsabilidad, lo que ayuda a que el niño madure. Esto se logra enseñando a decidir, y aceptando las consecuencias de sus decisiones.

9. Valorar los esfuerzos, ya que esa satisfacción de alcanzar el éxito es lo que le va a enseñar a no doblegarse ante las circunstancias y buscar resultados positivos. Una vez saboreado el éxito, ya sea en una buena presentación de clase, en un buen examen o en una tarea bien hecha, y ser valorado por lo que le implica su esfuerzo, invita a ese niño con problemas de aprendizaje a fijarse nuevas metas que alcanzar y no dejarse abatir por lo lento, lo cansado o lo difícil que sea la siguiente vez que realice algo nuevo. Así aprenden que su esfuerzo sí tiene buenos resultados.

"Creo que un gran maestro es un gran artista y hay tan pocos como hay grandes artistas. La enseñanza puede ser la más grande de las artes ya que el medio es la mente y espíritu humano"
John Steinbeck

HOGAR Y COLEGIO JUNTOS

Retomando la importancia de unir fuerzas para apoyar a los niños con algún problema de aprendizaje, es esencial cambiar la percepción que tenemos del modo de aprender para abrir posibilidades.

Hay que ayudar a bajar el nivel de estrés que algunos niños padecen por alcanzar las expectativas de la escuela o los padres, ya que creamos círculos viciosos que frenan el aprendizaje, por lo que es muy importante no bloquear este proceso.

En cada proceso de aprendizaje se debe incluir el dominio corporal, así como el emocional. Somos un ente con emociones, con un cuerpo que no solo tiene ojos para percibir, también tenemos manos, movimientos, olfato, el sentido del oído y del gusto, que son nuestros canales para adquirir conocimientos. El más importante, para evitar bloqueos, es el dominio emocional en el aprendizaje.

Combinar los procesos de enseñanza con diversión, con actividades que capten la atención y, sobre todo, la curiosidad despierta en los niños el deseo de aprender. Siempre van a existir libros y computadoras que nos den conocimientos, pero la sed de aprender, la capacidad de investigar, son esenciales en el aprendizaje de toda la vida.

Además, cada día, cada experiencia es una oportunidad para fomentar un nuevo aprendizaje; aprovechemos todas las experiencias que nos rodean para descubrir nuevos conocimientos y habilidades.

Abrirnos, tanto alumnos como profesores y padres de familia, a la idea que no lo sabemos todo, que el aprendizaje se construye y no solamente se imparte. Que el aprendizaje sea a una meta productiva, con finalidad aplicable para que sea consistente y enriquecedor.

Aquí, el orgullo y la terquedad son los enemigos del aprendizaje; el amor y la dedicación son fundamentales para tratar a todo alumno, con o sin problemas de aprendizaje.

Y por último, no olvidar validar las capacidades de cada niño y señalar con una actitud positiva y clara lo que se espera cuando la actitud sea la inadecuada, así como la conducta que ocasione problemas, porque si no especificamos lo que se espera de un alumno, él no sabrá cómo actuar y solo entenderá que no es capaz de alcanzar las expectativas escolares.

CAPÍTULO 10

Resiliencia

La resiliencia se define como la capacidad de los seres humanos para adaptarse positivamente a situaciones adversas.

En mi experiencia durante varios años como mamá, maestra y facilitadora Davis®, ha habido un cambio tras otro. No solo de mi parte, sino también de todos aquellos que interactúan con mi familia. Todo cambio siempre ha sido enfocado para solucionar un problema, aclarando que no se pueden solucionar todos los problemas al mismo tiempo si queremos lograr una mayor efectividad.

Partiendo de este punto, comenzaré compartiéndoles el primer error en el que caí al educar a mis hijas: la sobreprotección y también su contraparte, la falta de apoyo. Sobreproteger implica dar cuidados cuando no tienen una habilidad, por ejemplo, un bebé, no sabe valerse por sí mismo, por lo que yo, como su madre, debo protegerlo y cuidarlo, lo cual hice lo mejor que pude y creo que lo hice bien. Pero cuando entró en el kinder y empezaron los problemas de atención y socialización, así como las quejas de las maestras, me faltó protegerla más; a esa tierna edad, si la niña o niño, todavía presenta inmadurez para adaptarse a las demandas del colegio, hay que protegerlos, por lo menos el primer año y, francamente, no hay que dejarlos ir solos a enfrentar lo que todavía no pueden. En este aspecto, el error está en todos los involucrados, ahí comienzan los primeros enfrentamientos a la frustración, que forman el carácter de un hijo.

No quiero decir que todos los casos sean iguales, pero si estamos hablando de niños de cinco años con problemas de adaptación, es muy importante no perder de vista que es necesario hacer cuanto cambio se pueda para reforzar la autoestima de un niño. Esto implica ofrecerle más experiencias positivas y alimentadoras de sus capacidades que aquellas que le ocasionen frustración. Aquí me refiero a que si el niño no logra poner atención tanto tiempo como sus compañeros, no hay excusa para no brindarle la posibilidad de estar activo durante las instrucciones dentro de la clase.

A ningún colegio que valga la pena le importa tener al niño quieto y se queja de que no pone atención mientras los demás sí lo hacen, anulando la posibilidad de reconocer las cualidades y talentos del niño para que se sienta aceptado, simplemente porque son muchos alumnos dentro del salón. Yo caí en esa falta de protección, aceptando las quejas de los maestros, la solución fácil que la escuela señala, o sea las terapias y que la actitud del niño sea limitarse o estar quieto a como dé lugar.

Con maestros así, hay que buscar otras alternativas, ya sea cambio de salón o maestro, incluso cambio de escuela y sistema educativo. A esta edad, tu hijo todavía no sabe defenderse, si no tiene la misma capacidad para ajustarse, ya sea por inmadurez o por un problema físico o de aprendizaje, es nuestra obligación protegerlo y levantar la voz por él.

Como maestra, he visto muy buenos resultados cuando se buscan las fortalezas y la aceptación de las cualidades de un alumno, destacando el reconocimiento público para incentivar la autoestima. Como madre, también he visto muy buenos resultados al decir, honestamente, las cualidades y virtudes a mis hijas; no se vale en ningún momento decirle que es extraordinario porque nadie lo es, ¡cuidado! Hoy día escucho que todos "ganan" no hay perdedores porque no queremos "dañar la autoestima", pero así tampoco se refuerza, ¡por favor! Por ejemplo, no se vale decirle que su dibujo es el más hermoso, sobre todo, si no lo es. Se vale apreciar el uso de colores, o el trazo pero no sobrevalorar el trabajo o esfuerzo de un niño.

Un niño pregunta cómo le quedó su trabajo porque quiere tu aprobación, quiere saber si lo está realizando bien y, a través de tu aprobación, conocerse más a sí mismo, pero hay que valorar el esfuerzo real, para que también lo ayudemos a tener una perspectiva real de su persona. La sobreprotección y la sobrevaloración no le aportan nada bueno a su desarrollo personal.

Sobreproteger es dar cuidados cuando ya tiene la habilidad, es no darle oportunidad de hacer las cosas por sí mismo y, con el paso del tiempo, crear en ellos la sensación de incapacidad.

Hoy en día, en muchas partes del mundo, veo esta necesidad de los padres de sobreproteger a los hijos, quieren evitarles dolor, sufrimiento y hacerlos felices. Y lo que logran, además de hacerlos inútiles, es hacerlos inseguros y flojos; al final, realizamos una sutil violencia pasiva contra ellos.

Para entender mejor este concepto de violencia pasiva, comenzaré con lo básico del aprendizaje de cualquier infante. El cerebro aprende a través de experiencias; si pensamos en un niño pequeño, que apenas empieza a caminar, es necesario que se esfuerce, que lo intente una y otra vez, a pesar de las caídas y los llantos por los golpes. Nuestra forma de protegerlo y estimularlo es dejándolo que lo haga en un lugar seguro, donde la caída no sea fatal o grave, pero alabándolo cuando logre un avance. ¿Ven cómo tenemos que dejarlos intentar y fallar para lograr perfeccionar el caminar? ¿Recuerdan cómo realizan los primeros pasos a tumbos y caídas? ¿Cómo los ayudamos sosteniéndolos de la mano, pero permitiéndoles que ellos se esfuercen y lo hagan solos eventualmente? ¿En algún momento pensaste que querías pasar toda la vida sosteniéndole la mano o preferiste que él aprendiera solo? Igual pasa con lo que sigue el resto de la vida. Aprenden a ir al baño solos, al principio corres con ellos a cada rato para que entiendan de qué se trata el asunto de dejar el pañal, pero cuando ya lo logran, los dejas que sigan solos, y aceptando que es normal tener "accidentes" de vez en cuando, limpiando junto con él y esperando que cada vez los "accidentes" sean menos frecuentes; hasta ahora no conozco a un padre de familia que lleve a su hijo al baño cuando ya es completamente capaz de ir solo. Entonces, qué ocurre con los papás —y en muchos de estos ejemplos me incluyo también— que tienen miedo de que sus hijos fallen en la escuela, ¿por qué le tenemos tanto miedo al fracaso?, ¿vamos a acompañarlos en las tareas y a recordarles sus deberes hasta la universidad?

El papel de los padres y los maestros es estimular al niño a vivir experiencias. Conforme crecen, cada nueva experiencia es un nuevo aprendizaje que le permite al niño saber qué tanto puede hacer, qué tanto todavía no, abrir panoramas y horizontes nuevos que lo nutran en un ambiente seguro. Él mismo se prueba una y otra vez hasta lograr lo que desea, mientras sea sustancioso o divertido, si no, simplemente lo ignora hasta que algo, en algún momento dado, capta su atención intentarlo nuevamente.

Les comparto mi experiencia y mi análisis del colegio. ¿Qué ocurre cuando vas a la escuela? Comenzaremos con lo primero que viven nuestros hijos al llegar a su primer día de clases, tienen reglas y límites que son excelentes para la formación de un niño e igual de importantes que las rutinas y las reglas que los padres exijan o den a su hijo en casa. Hasta aquí vamos bien, uno escoge una escuela pensando que ahí va a recibir la preparación necesaria para la vida.

Pero cuando ya entramos al aspecto de desarrollar las habilidades requeridas por la escuela para adquirir los aprendizajes previstos, existe un gran porcentaje de alumnos que logran, eventualmente, obtener las habilidades necesarias, algunos más rápido y precisos que otros, pero la gran mayoría lo logra; sin embargo, ¿qué ocurre con aquel porcentaje de niños inquietos e inmaduros?

Si separamos a ese grupo de alumnos que, ya sea que tengan una forma diferente de procesar la información de lo que normalmente se espera y que, en porcentajes actuales, cada día son más los niños con esta situación, nos enfrentamos con un pequeño pero persistente número de alumnos que no logran desarrollar las habilidades necesarias y comienzan a retrasarse, esos niños que posteriormente se catalogan de hiperactivos, disléxicos o con déficit de atención. Ahora, ¿Qué creen que ocurre en el salón de clases? Les cuento lo que ocurre, la maestra tiene a su cargo entre 20 y 30 alumnos en promedio, de los cuales dos o tres son inquietos e interrumpen; dos más no logran seguir instrucciones, otros dos demuestran que todavía no tienen la habilidad motriz necesaria para realizar las actividades, ¿se imaginan cómo es el día de trabajo para la maestra? Pero a todo esto, qué culpa tiene el niño que no logra cumplir con la expectativa y con lo que se le exige... Y la maestra, planeando actividades que ayuden a que todos alcancen las habilidades necesarias, pero también exigiéndole al niño que se esfuerce para lograr lo que en muchas ocasiones todavía no puede.

Todos, absolutamente todos, tarde que temprano, van a lograr alcanzar o desarrollar estrategias y habilidades que le permitan resolver las exigencias del colegio, pero como suelen tardar, a veces años, empieza la rutina del maestro de buscarle a dicho niño rezagado un momento para ayudarlo, pero al continuar el problema en la siguiente actividad, el maestro comienza a perder interés en ayudarlo, y poco a poco comienzan las reprimendas: "ya te dije cómo tienes que hacerlo", "pon atención y guarda silencio", "otra vez interrumpiendo..." Hasta que la actitud de la maestra, ya cansada, refleja su falta de paciencia y los demás niños asumen que ese niño es un problema y no lo quieren a su lado. Ahí comienza la baja de autoestima, con el rechazo del maestro y de sus compañeros; las lágrimas y la etiqueta de flojo.

A esos maestros, de verdad les digo: busquen opciones, ayúdenlo, investiguen alternativas y buena disposición para tratar a ese alumno. Al departamento psicopedagógico que cada escuela tiene, ayuden a los maestros y a los alumnos, proporcionen soluciones y programas paralelos con metodologías que apoyen a los maestros y a los alumnos; sí se puede, es importante tomarse el tiempo para proporcionar estrategias de aprendizaje que fomenten las habilidades en horarios alternativos dentro del programa escolar, donde la intervención no solo sea ir a observar al alumno y al maestro y darles recomendaciones, tanto a ellos como a los padres de familia; también ofrecer práctica directa que apoye todos los aspectos del desarrollo del alumno. Hasta ahora, no he conocido muchas las escuelas que tengan un departamento psicopedagógico que ofrezca, realmente, un espacio de trabajo directo con los alumnos, y las pocas escuelas que tienen un programa flexible para apoyar a aquellos alumnos que tienen que reforzar habilidades y establecer estrategias, son tan pocas que están saturadas.

Hoy en día, tristemente le damos más valor al programa, al currículo escolar y las materias que se imparten dentro del colegio, que a fomentar la autoestima y seguridad de los alumnos. Eso incluye tanto a los padres de familia, como a las instituciones educativas.

De qué sirve tener tres idiomas, computación, talleres extra escolares, matemáticas avanzadas y un alto rendimiento académico, cuando un diez por ciento de los alumnos se sienten incapaces, inseguros y con baja autoestima. Esto no es darle lo mejor a los niños, es quitarles oportunidades, estrategias para lograr un autoaprendizaje.

Solemos dañarlos al exponerlos a situaciones adversas sin las armas (estrategias, habilidades) necesarias para enfrentar las exigencias académicas. Los estamos descuidando al mandarlos al colegio más exigente sin las herramientas necesarias.

Yo no creo que hoy día esté aumentando el número de alumnos con problemas de aprendizaje, siempre ha habido y seguirá habiendo un porcentaje muy marcado de alumnos con dificultades de aprendizaje. ¿En qué momento se cataloga fácilmente a un alumno con un "problema" y se le manda a terapia? ¿En qué momento se equivocan en el diagnóstico, incluso el médico neurólogo o la psicóloga? Esto es algo que evidentemente continúa pasando, lo mejor es tratar de ayudar a que logren adquirir las habilidades necesarias para poder cursar con éxito sus estudios.

Por otro lado, debemos ser cuidadosos para no sobreprotegerlos o inhabilitarlos. Actualmente, también erramos en exigir lo que la escuela no tiene porqué dar a nuestros hijos lo que a nosotros nos corresponde como familia, como sociedad. Y en este aspecto me refiero a los valores. Le pedimos a la escuela excelencia académica y además les exigimos que eduquen a nuestros hijos, luego no podemos quejarnos de que no lo hagan adecuadamente o como nosotros deseamos. Esa educación, esa formación, esos valores le corresponden a la familia, y en equipo, como apoyo, le corresponde a la sociedad y a las instituciones educativas con un ejemplo a seguir.

Las cosas han cambiado de una generación a otra, no podemos quedarnos igual porque el mundo está cambiando, las generaciones se han renovado y nosotros, como adultos, también nos hemos transformado. Si consideramos cómo era antes, cómo las madres de familia se quedaban en casa, cuando la ciudad no era tan poblada, cuando no había tanto tráfico y sobraba el tiempo. En aquel entonces, no se les exigía a los niños que, además del colegio, tuvieran por las tardes cinco diferentes actividades extraescolares.

Hoy en día las cosas no son como antaño, las madres también trabajan, quieren ser modernas, estar muy guapas y arregladas, trabajar, hacer ejercicio, cumplir sus aspiraciones personales y laborales, así como ser unas súper madres de familia, y ocurre lo mismo que con nuestros excesivos y amplios programas curriculares dentro de las escuelas. Estamos agotados por tratar de cumplir todas las expectativas que nos creamos. El famoso *multitasking* ha generado ansiedad en todos los ámbitos sociales, desde el núcleo familiar hasta los diferentes círculos que componen nuestra sociedad. Esa idea de que si no triunfas como madre o padre, como trabajador o empresario, con grandes proyectos y éxitos, ha revolucionado y evolucionado en una nueva sociedad frustrada y que se siente completamente insatisfecha.

¿Eso es lo que queremos para nuestros hijos? Enseñarles que tienen que ser perfectos, hacer grandes cosas, porque si no se convierten en "nada y nadie". ¿Es más el que tiene cien mil "likes" o "amigos" en Instagram o Facebook?

Se los digo porque yo también he caído en todos estos errores, pero he logrado aterrizar mis ideas y hacer mejor mi trabajo y mi papel de madre de familia.

Es momento de concientizar y aterrizar ideas, fijar metas y estrategias que me permitan trabajar en equipo, empezando con mi pareja o padre de mis hijos, y después con el colegio y los maestros de mis hijos, para lograr definir la estrategia que más me convenga. Platicarlo en pareja te permite fijar límites y establecer un frente común para ser el pilar de la familia, porque definitivamente, lo que no ve uno, lo ve el otro, las ideas se enriquecen y alcanzar el éxito es más fácil.

Es un punto para partir, para encontrarnos con el verdadero yo, comenzando por poner los pies en la tierra y con nuestras expectativas, centrarnos en lo que realmente vale la pena y partir de nuestro ejemplo y nuestras convicciones como padre o madre de familia para formar un cambio, primero en nosotros mismos, luego en nuestros hijos y, poco a poco, en la sociedad.

Ya con ese aspecto personal más realista y con mayor comprensión y amor por mí y por los que me rodean, esto quiere decir que tengo que aprender a perdonar mis carencias, mis fallas y dejar de exigirme lo que no está a mi alcance para dejar salir a mi verdadero yo, y así lograr darme y darle el tiempo necesario a cada momento, dejar de correr para observar y revalorar a mis hijas y a mi familia, y lograr establecer los principios que realmente considero que logran desarrollar mi vida y la de mi familia.

¿Cómo se adquiere la resiliencia? Cuando dejamos que cada niño se equivoque, falle y le permitimos ver y entender que eso que le ocurre no es un fracaso, sino una forma más de aprendizaje, mostrándole que en el error está el avance, del ensayo se obtiene el aprendizaje para que, en la práctica, mejore gradualmente.

¿Duele? Claro que duele, a nadie nos gusta que las cosas no nos salgan bien, a nadie nos gusta que nos regañen o nos llamen la atención, pero eso no determina que no podamos volver a intentarlo o que seamos perfectos. Nadie nace perfecto, pero hay que enseñarles a quererse con todo y sus imperfecciones. Esto se logra dándoles amor, no evitando las críticas. Buscando sus fortalezas y cualidades. Alabando buenas acciones y reconociendo sus virtudes, ya que de ese modo, empieza un niño a comprender lo que vale, lo que puede y lo que no puede hacer todavía, pero sabiendo que tiene siempre la oportunidad de volver a intentarlo y mejorar.

No se puede mejorar o cambiar si siempre hacemos las cosas de la misma manera. Además, hay que considerar que vivimos en un mundo globalizado donde las reglas cambian, y nosotros tenemos que hacerlo, adaptarnos y enseñar a nuestros hijos también a cambiar, a ser más flexibles.

Por supuesto que debemos tener límites y reglas claras, que sean constantes y que fomenten la seguridad de los niños. Las reglas y los límites son el camino que les ponemos a nuestros hijos, siempre van a estar ahí conforme van creciendo, pero está en ellos avanzar por ese camino.

Retomando lo anterior, la vida es un camino que nuestro hijo tiene que recorrer, nosotros también. En un principio los cargamos mientras caminamos, pero conforme crecen los hijos, los tenemos que dejar caminar solos. Podemos señalarles por dónde ir, pero conforme siguen avanzando, y siguen creciendo, aparecen obstáculos —desde puentes, piedras, agujeros, hasta abismos—, pero no está en nosotros quitárselos del camino o evitárselos para que sea más fácil el camino, es nuestro papel enseñarle que, a pesar del cambio, de la caída, y lo difícil que pueda ser el camino, siempre hay un aprendizaje que lo va a llevar a mejorar sus destrezas para recorrer el trayecto.

Ahora, si además le enseñamos lo hermoso que puede ser, lo gozoso que es el recorrido y lo enriquecedor que es aprender, estamos formando niños resilientes.

Se vale exigirle y que mejore, impulsarlo a retarse. Ya que así aprenderá que esperamos más de él y, sobre todo, que lo creemos capaz de lograr lo que se proponga. Abrirle las posibilidades, fomentarle diferentes actividades, que le abran el panorama y le permitan descubrirse a sí mismo, pero no miles de actividades extraescolares que solo lo agoten. Es importante fomentar la capacidad de conocerse y descubrir nuevas aptitudes; permitirle probarse, dentro de un ambiente de aceptación y cariño, pero sobre todo, saber escucharlo, tomarse el tiempo de prestar atención a lo que tenga que decir con el respeto que todo ser humano se merece, y enseñarle a hacer lo mismo por los demás.

El resultado de la resiliencia se convierte en crecimiento a pesar de la adversidad, para lograr formar un ser humano mejor, dentro de una mejor sociedad, en busca de un mundo mejor.

Hay ocasiones en que nosotros estamos aprendiendo también a ser resilientes, no siempre es fácil adaptarse a tantos cambios, obtener un aprendizaje de una adversidad, ver una oportunidad cuando pierdes tu trabajo o cuando fallas.

Pero así como sabemos que "valiente no es el que no tiene miedo, sino aquél que, a pesar de su miedo, se enfrenta a la situación que lo provoca", es igual aprender a ser resiliente: resiliente es el que, a pesar de ver el lado negativo, a pesar de la frustración y la tristeza, logra extraer un aprendizaje.

¿Quién se ha equivocado? ¿Quién ha aprendido algo de un error o falla? Yo puedo levantar la mano mil veces, porque la vida es así, un aprendizaje constante.

Pero no nada más se necesitan hijos resilientes, se necesitan padres resilientes, y también maestros y directores escolares resilientes. Que tengan esa capacidad de ver aprendizaje y posibilidades donde normalmente vemos dificultades.

Está en nosotros ver sus aptitudes, incluso en lo que antiguamente se consideraba un problema, en qué si son buenos y en donde necesitan practicar más.

Sin embargo, no hay que tener miedo a las dificultades, la vida siempre nos pone retos. Lo importante es estar, como adulto, ya sea padre de familia o maestro, cazando habilidades y talentos que permitan consolidar la autoestima y la adquisición de resiliencia.

Recordemos ¿cómo aprender a ser resiliente?

1. **A través de pequeñas dosis de frustración.**

   Empieza con pequeñas frustraciones, las que ayudan a un ser humano a aprender lo que es resilencia. A través de ensayo y error se forma la capacidad para adaptarse positivamente a situaciones adversas. Incluso es asertivo afirmar que está en nuestra naturaleza conseguir aprendizajes de las equivocaciones y no quedarnos solamente en el error y la frustración.

   ¿Cómo aprende un niño a dejar el pañal? Normalmente, tenemos que esperar a que ya tenga ciertas habilidades: caminar, bajarse los calzones y sentarse en un escusado, así como madurez para aprender a tener control de esfínteres. El segundo paso, con paciencia y a base de ensayo y error, le quitamos el pañal durante el día y le enseñamos el lugar donde puede ir al baño y cómo hacerlo; aquí pasamos por momentos en que el niño tiene que sentirse incómodo, ensuciarse, para que trate de evitar esa incomodidad y tener éxito. Parte de este logro se debe a que los adultos lo acompañemos sin gritos ni enojo. Eventualmente, el niño aprenderá a ir solo al baño y si lo logra con un acompañamiento sano por parte de sus papás, el resultado será que el niño aprenderá resiliencia sin darse cuenta y construirá una autoconfianza en sus nuevas habilidades.

Del mismo modo, hay que permitirle que mejore, que se esfuerce a base de ensayo y error, y nosotros como padres, acompañando sin gritos ni enojos. Para que la finalidad sea un aprendizaje más sano, con una autoestima balanceada.

2. **Con amor, acompañamiento, en familia.**

Todos los niños tienen algo bueno, buscar sus fortalezas y fomentar sus cualidades logra en los niños la posibilidad de ver que son más que un error, que equivocarse está bien y que corregir nos da satisfacciones.

3. **Exigir.**

Todos podemos hacer más, invitarlos con ese cariño y aceptación que ya tiene, a que busque salir de su zona de confort, ponerse a prueba es una clave fundamental para formar futuros resilientes.

4. **No comparar.**

A nadie le gusta que lo comparen con otros, a nuestros hijos tampoco. A él no le interesa si su hermana o su amigo hacen mejor las cosas. Comparar lleva a etiquetar y eso es contraproducente para la autoestima.

5. **No sobreproteger ni descuidar.**

Ambos son contraproducentes para el desarrollo de habilidades. Si ya tiene la habilidad, permítele que lo vuelva a intentar y no lo limites; si él cree que puede hacerlo, y no corre peligro su vida, apóyalo y acompáñalo.

6. **Empezar con el ejemplo.**

¿Queremos hijos resilientes? Seamos padres resilientes. Eso incluye no desquitarse con los hijos por un mal día en la oficina o un embotellamiento y tener una buena actitud ante la adversidad. Si no sabemos cómo lograrlo, puedes aprender a ser resiliente. Dedícate a ti mismo, y por ti mismo a ser mejor ser humano y a disfrutar más la vida.

¿Queremos alumnos resilientes? Seamos maestros resilientes. Maestros con vocación, entrega y buena actitud. Y si hay que prepararse más, considera todas las opciones y aprovéchalas.

7. **Enséñale a probarse a sí mismo, a probar nuevas cosas. Hay que abrirle las posibilidades.**

¿Clases de mandarín? ¿Quieres ser pintor? No hay que trasmitirles etiquetas que los adultos suelen poner a las cosas: "¿para qué quieres aprender eso?" "¡Eso es para fracasados!"

Solo intentando se aprende. Y solo así podemos descubrir nuestras aptitudes y cualidades. Siempre puede ir cambiando de opinión; o una actividad le llevará a algo más. Así que no queda más que acompañarlo y permitirle que aprenda de sus errores.

Cuánta gente se ha permitido hacer lo que deseaba y cuántas personas simplemente se limitaron para no salirse de su zona de confort. ¿En cuál grupo te encuentras tú? ¿En cuál te gustaría ver a tu hijo?

Sugerencia:

Querido lector: en lo que piensas o meditas sobre lo que has leído en este capítulo, te invito a que busques en Youtube y escuches *A thousand years,* interpretado por Piano Guys. Un poco de música, para aterrizar tus ideas.

CAPÍTULO 11

Cómo Enseñar Resilencia a un Niño en Edad Escolar.

Retomando el significado de resilencia, como la capacidad de ver aprendizaje y posibilidades en las dificultades o adversidades, vamos a ahondar en cómo los niños pueden aprender a tener tolerancia a la frustración, muy necesario para prepararlos para un futuro.

No podemos olvidar que se necesitan padres comprometidos a permitirles a sus hijos vivir, con todo lo que implica, lo bueno, lo malo y lo regular, permitiéndoles encarar pequeñas frustraciones y evitar la sobreprotección, como se mencionó en el capítulo anterior. Pero también con la importancia de contar con docentes resilientes y dispuestos a cazar talentos para darles "salvavidas" a los niños que tienen dificultades de aprendizaje.

1. **Aprendemos resilencia a través de la frustración y el dolor.**

    No es un término nuevo ni de moda, su origen fue posterior a la Segunda Guerra Mundial. Después de tanto sufrimiento, hambre, dolor y carencias, se pensó que iba a ser una generación perdida; sin embargo, conforme se estudiaban las consecuencias de la guerra, resultó ser una generación muy creativa que produjo mucho. Aprendieron cosas que no nos tocaron a las nuevas generaciones, pero dejaron un ejemplo, fueron resilientes. En la actualidad, en nuestro hogar, se viven otras situaciones sin tener que pasar por una guerra.

Vamos a elegir una respuesta a la siguiente situación y, posteriormente, analizaremos lo que aprenden los niños de dicha solución:

¿Qué pasa si la mascota de la familia se muere? Tú, como padre de familia:

a. Sales corriendo a comprar una mascota nueva.

b. Le cuentas que su mascota se fue a vivir a una granja muy bonita con otros como él.

c. Le platicas lo ocurrido, lo acompañas, lo escuchas y llevas a cabo un funeral junto con tu hijo.

Si tomas la primera opción, tu hijo puede llegar a darse cuenta de lo ocurrido y preguntar, y si no te lo pregunta, indica que francamente nunca le interesó tener esa mascota en casa.

Si le dices mentiras, podrás evitar un momentáneo drama, pero las mentiras siempre salen a la luz. Pero, en ambos casos, tu hijo no aprende a lidiar con una pérdida, con un día de llanto.

En cambio, si le dices la verdad, lo acompañas, le permites llorar, dibujar o escribir sus sentimientos y vivir un día muy triste, le permites aprender que, a pesar de esa gran tristeza, estás tú para consolarlo y apoyarlo. Y sí, con las perdidas vienen fases como enojo y negación, pero son normales y no es personal, es que también está aprendiendo a sacar lo que siente de un modo u otro, pero se pasa. Nuestra tarea es tenerle paciencia y acompañarlo. Esta pequeña pérdida, que para nuestro hijo puede ser como el fin del mundo, no dura igual que la nuestra si está bien acompañado; es una pequeña dosis que les deja vivir el dolor, pero que le permitirá aprender que, a pesar de ese sentimiento de pérdida, la vida continúa y el cariño de su familia está presente para seguir adelante.

Esto es una preparación para una pérdida más fuerte, como la que puede significar la de una abuela, que por su edad, fallezca y a pesar de la tristeza, sabe —porque ya lo ha vivido— que va a salir adelante como cuando murió su mascota. Todo puede ser un aprendizaje, he ahí la importancia de permitirle vivir la vida tal como es.

Otro ejemplo de cómo aprenden resiliencia es marcando reglas claras y adecuadas, y seguirlas consistentemente. Muchas veces, al no cumplirlas, escucharás de su parte decir que no te quiere, incluso que te odia, porque lo regañas o porque no le compraste el helado que quería, pero es normal, y sí, te odia con todo su corazón, pero al rato se le va a pasar y te va a volver a demostrar lo mucho que te quiere. Lo que es muy importante es no tenerle miedo a tu hijo, que no te doblen sus lágrimas para que él se salga con la suya y rompa tus reglas; simplemente, lo acompañas y escuchas, pero no cedes para demostrar consistencia y claridad en tus reglas. Tu hijo va a aprender a tener otras pequeñas dosis diarias de frustración que le permitan aprender resiliencia de sus personas favoritas, sus papás.

2. **Seguir reglas claras y ponerle límites es también una forma de adquirir resiliencia.**

El cariño es algo que no puede faltar, a pesar de los regaños y enojos, la conducta no condiciona el amor de un padre o una madre. Hay una diferencia entre educar y criticar. Educar es dar pautas, reglas y valores en casa que pongan orden en la vida familiar, pero no solo predicando, también se educa con el ejemplo, con respeto a uno mismo como padre de familia, como ser humano, tanto con los hijos como con los que nos rodean en el día a día. La crítica lleva a etiquetar negativamente a tu hijo, y no les permite ni a él ni a ti, ver sus cualidades.

3. **Hay que "cazar sus talentos", buscar sus cualidades, lo que hace bien o le sale bien.**

Para los que no son maestros les cuento cómo es estar frente a un grupo de 25 a 30 alumnos. Tienes que evaluarlos constantemente, pero también tienes a ese alumno que es tremendo, identifícalo, piensa en aquel alumno que siempre interrumpe, rompe reglas y es revoltoso. Ahora piensa ¿cuál es su cualidad? Ahí logramos ver un talento, y si lo usamos a su favor, nos volvemos cazadores de talentos, y le enseñamos a ese niño que no todo lo que él hace está mal.

Es importante reconocer las fortalezas y virtudes de tu hijo y hacérselo saber, buscar sus cualidades que permitan aumentar su autoestima, y estimularlo a que las use. Disfrutar del éxito es igual de importante que aprender a lidiar con una pequeña dosis de frustración, y es mejor cuando sabe que ese éxito es debido a una cualidad suya; ahí es donde logras subir su autoestima si es un niño con problemas de aprendizaje. Si no tiene problemas de aprendizaje, también le ayuda saber qué es capaz de lograr por sí mismo.

4. **Exígele y anímalo a que mejore.**

Ni el dolor ni la frustración son la solución para adquirir resciliencia, pero no tenerlo todo anima a un niño a que lo desee y lo busque. Es importante que no tenga todo fácil, los retos nos impulsan a mejorar.

Yo lo entiendo como una balanza donde, así como das amor y cuidado de acuerdo a su edad, así mismo es importante lograr equilibrio en los hijos al enfrentarse a la adversidad. Los padres estamos para enseñarlos a resolver problemas, pero no para resolverlos por ellos.

- Amor es demostrarles a tus hijos lo que sientes por ellos. Ningún criminal se volvió malo, porque en su casa lo querían mucho.
- Cuidado es cubrir sus necesidades básicas y de educación.
- Ayudarlo a lidiar con la adversidad es cumplir lo que prometes en cuanto a disciplina.
- Exigencia, dentro de sus posibilidades y habilidades, es pedirles que hagan lo que corresponde, así como ser responsables. Todos tienen un papel que desempeñar en casa, desde recoger su ropa y sus juguetes, hasta poner la lavadora y limpiar la mesa. Ésas son las exigencias y responsabilidades que deben cumplir y que les permiten aprender a ser responsables.

5. **Abrir posibilidades**

Conforme va creciendo, notamos destrezas y habilidades que pueden llevarle a emprender una nueva actividad extraescolar. Al conversar con nuestro hijo, Nos percatamos de sus inquietudes e ideas que nos pueden permitir conocerle un poco más para impulsarlo a que pruebe cosas nuevas. De ese modo, en cualquier nueva actividad, él se prueba a sí mismo y descubre algo nuevo sobre él. Aprende a conocerse más, a desarrollar nuevas aptitudes. Eso lo fortalece.

Si hablamos de un niño con dificultades de aprendizaje, es importante buscar que esas nuevas posibilidades no tengan nada que ver con su problema, porque al final, no solo va a vivir frustrado por las mañanas, durante las clases, sino también por las tardes en sus actividades extraescolares. Si al contrario, buscamos una actividad como karate, tenis o futbol, entre otras, ya que ayudan a la coordinación y a la disciplina; pintura, música, escultura, etc., que desarrollan coordinación, creatividad y ayudan a bajar la ansiedad; robótica, natación, ajedrez, parcour... y así podría seguir mencionando una gran variedad de actividades que le permiten descubrir nuevas aptitudes y probarse a sí mismo sin hostilidad, estas actividades tendrán un resultado positivo.

Alguna vez, conforme iba creciendo mi hija, noté que se relajaba al pintar, así que decidí llevarla a clases de pintura y natación. No tenía ningún problema para relacionarse con otros niños de su edad, pero sí con la ansiedad. Por años siguió en sus clases de pintura, aunque la de natación cambió a baile posteriormente, pero con la misma finalidad de tener un momento de éxito, disciplina, orden y auto descubrimiento.

Si yo notara que mi hijo tiene problemas para socializar, primero buscaría qué es aquello que le interesa: libros, historietas, robots, dinosaurios, princesas... y luego buscaría que alguna de las actividades extra estuviera enfocada a dialogar con otros niños con ese mismo interés o tema. Hoy día aparecen más clases extraescolares con infinidad de temáticas que se acercan a los gustos y afinidades de nuestros hijos. Posteriormente, cualquier actividad, conforme le dé seguridad en sí mismo, en sus habilidades y destrezas, pueden evolucionar en otras más complejas.

¿Qué reglas y cómo elegirlas?

Tienen que ser reglas de convivencia y responsabilidades que ayuden a mantener el orden dentro de la familia. Un primer consejo al respecto es estar cien por ciento de acuerdo con tu pareja.

Las reglas deben ser:

- Congruentes con la ideología de la familia.
- Constantes, pero no inflexibles.

La congruencia va de la mano con la ideología familiar, así como con los valores del padre y de la madre. Es importante que dichas reglas sean aprobadas por los dos, ya que los dos padres son los que van a trasmitir sus valores y van a exigir el cumplimiento de las reglas, pero sobre todo, es con su ejemplo como los niños aprenden.

No podemos pedirle a un hijo que no mienta si, por otro lado, ve a sus padres mentir para salir de alguna situación embarazosa. Las mentiras blancas son mentiras después de todo, y lo que el niño aprende es que también puede mentir si no lo descubren. No podemos decirle que no pegue, si mientras lo regañamos le pegamos. O, como hoy en día suele ocurrir, no podemos exigirle que no tenga rabietas y que se calme, si nosotros al quedar atorados en el tráfico, nos enfurecemos y perdemos el control.

Tener las reglas claras entre los padres y el hijo y ser constantes al aplicarlas permite que los enfrentamientos no sean descontrolados, como ya lo había comentado en capítulos anteriores; sobre todo si se trata de niños con problemas de aprendizaje. Al educarlo, no solo lo guías, lo acompañas en la vida y él vive por tu ejemplo; por eso es importante acrecentar la cualidad de resiliencia que tenemos como padres, para que nuestros hijos aprendan que, a pesar de la adversidad, hay una solución y un aprendizaje y no el fin del mundo, como las emociones nos hacen sentir.

Es muy importante quitarnos de la cabeza el miedo a disciplinar y corregir a nuestros hijos, dejar de temer a sus reacciones y berrinches, y establecer claramente un camino esperado de conducta. La guía viene de trasmitir claramente qué espero de mi hijo, de su conducta, de sus tareas escolares y de sus responsabilidades en casa. Esto, poco a poco le va a permitir entender y permear en su ser lo que se espera de él conforme a su edad, pero no se condiciona el amor y la aceptación como premio o castigo a su conducta.

De las reacciones, hay que ser francos, no podemos exigirles serenidad ante la adversidad o frustración, ya que un niño todavía no tiene la capacidad de manejar sus emociones, y un adolescente está en plena ebullición de hormonas y sentimientos; es más, ¿cuántos adultos conocemos que pierden el control? No se trata de permitirles romper cosas o golpear a otros, lastimarse en sus arrebatos, pero sí permitirle y enseñarle cómo puede desahogar sus emociones sin arriesgar su seguridad ni la de los demás.

Y aquí entra un factor de retroalimentación muy importante. Cuando tu hijo, pequeño o adolescente, cambia de actitud haciendo algo donde normalmente rompía las reglas, así como ponemos en claro y le decimos qué es lo que se espera de él, también es importante alabar una acción o conducta esperada. Conforme crecen, más aún en los adolescentes, es preferible establecer un diálogo positivo y resaltar las ventajas de seguir dichas reglas o realizar la conducta deseada.

Por ejemplo, llevo limitando a mis hijas el uso del teléfono móvil los fines de semana, así que de 12:00 a 18:00 dejan en mi bolsa sus celulares; por supuesto que han discutido, y conforme entran en la adolescencia, más aún. Se han hecho las olvidadizas, y usan cualquier idea que se les ocurre para evitar entregar el teléfono. La regla es clara: "no hay celular, el mundo no se acaba porque no lo ves, la tarea no la vas a hacer hasta que sean las 18:00 horas, y la vida continua, pero no te quedas aislada".

Con el tiempo, ocurre, en ocasiones, que a mí se me olvida el asunto de los teléfonos, hasta que veo otra tarde maravillosa con un cielo despejado y alguna de mis hijas sentada dentro de la casa chateando con las amigas o viendo Pinterest, lo que ni siquiera le permite ser más sociable, y de nuevo pido el celular a mi bolsa.

Sin embargo, hace poco, sin que yo lo pidiera, una de mis hijas, la más asidua a utilizar el celular, para escapar de la presión social, decidió convivir con la familia y las amigas de su hermana, dieron las once de la noche y seguían platicando todas juntas. Obviamente, cuando le hice la observación de lo bien que vi su cambio de actitud, lo primero que me respondió fue que no; así que cambié la táctica y comencé a cuestionarla: le pregunté qué había hecho, —yo la había estado observando toda la tarde y sabía que había estado platicando con las demás adolescentes que no eran sus amigas, sino de su hermana— su respuesta fue: "platiqué con las otras, y salimos por un helado", después le pregunté que cómo se había sentido. Ahí usó el recurso de no darme una respuesta positiva, ya que no siempre se sentía escuchada por las otras. Luego le cuestioné si en todo el tiempo se sintió ignorada o solo fue por momentos, y cuando tuve una respuesta positiva de que estuvo, a pesar de todo, contenta, pude volver a retroalimentar que qué bueno que se tomó el tiempo para socializar, a pesar de que no son sus amigas.

Al final, puedo ir metiendo en esa cabecita suya lo importante que es salir de su zona de confort, socializar, a pesar de su inseguridad típica de adolescente, y enviarle el mensaje subliminal, "el teléfono móvil no te permite socializar", sin confrontaciones ni atacando sus pretextos.

Si hubiera sido una niña chiquita, con decirle "bravo" hubiera sido suficiente como antes o "qué bien te quedó" y ya le hubiera elevado la autoestima, pero con una adolescente no siempre se puede darle una "palmadita en la espalda" o felicitarla por lo bien hecho de su tarea. Hay momentos en que hay que cuestionarles, de modo que ellos mismos concluyan que lo que hicieron fue positivo, aunque sea un poco.

¿Qué se necesita para establecer y fomentar la disciplina?

Responsabilidad es "hacer lo que te corresponde sin que nadie te recuerde hacerlo". Para lograr adquirir este valor fundamental, hay que retomar dos pasos muy importantes:

1. Vivir las consecuencias. A los hijos hay que enseñarles a reconocer y aceptar las consecuencias de sus decisiones. Aunque nos den ganas de correr por un suéter y obligarle a ponérselo en un día frío de otoño, hay que permitirle que viva la consecuencia si él decidió esa mañana salir de casa sin esa prenda, aunque le haya sugerido llevarlo; y sí, dejarlo que pase un poco de frío si él insistió en no cargar con su suéter en un día fresco, pero si no pasa ese frío, no va a aprender que tiene que ser precavido.

Sin embargo, no siempre podemos esperar que todo sea su elección, en nosotros está ser precavidos y sensatos con lo que le permitimos decidir. Por ejemplo, si sé que hace mucho frío, por supuesto que pongo un suéter de repuesto en el coche y cuando muestre arrepentimiento por su osadía de salir sin suéter, le doy el de emergencia del auto, aunque no sea el que más le guste, lo va agradecer.

Pero qué ocurre con una medicina que no quiere tomar, las opciones no pueden incluir no tomar la medicina, pero sí puede ser: tomada, o inyectada. Ésa puede ser su elección.

Lo ideal es retomar las reglas constantemente, no tenerle miedo a las lágrimas ni chantajes de los hijos, y más aún cuando son pequeños, porque si uno espera que con la edad maduren solos, se desatará una desagradable lucha de poderes con un hijo inmaduro, casi de tu tamaño, pero sin las habilidades y estrategias que conllevan la buena relación con sus padres y, por ende, sin la guía adecuada y el hijo es incapaz de escuchar lo que sus padres le quieren inculcar.

2. Valorar el esfuerzo, pero aquél que sea producto de su trabajo, sin sobrevalorar para ayudarlo a tener una perspectiva real de sus habilidades y capacidades, pero que le permita disfrutar de una evaluación asertiva y real. Al enseñarles disciplina, les estamos formando como seres humanos fuertes y capaces, no solo en cuanto a conocimientos, sino también espiritualmente, lo que les permite enfrentar los desafíos que la vida le va a deparar sin miedo al dolor.

"A los hijos hay que educarlos con un poco de frío y un poco de hambre".

SS papa Francisco

CAPÍTULO 12

Siempre hay Solución

Una familia con problemas no se queda para siempre con problemas. De cómo salgan adelante de ellos, es como seguirá conformándose la familia

No siempre se puede solucionar todo, ni todo está en tus manos como padre, madre, hijo o hermano, pero no todo se queda roto, quedan cicatrices que con una actitud resiliente se obtiene el aprendizaje, crece, madura y goza lo que tiene.

Siempre se puede cambiar, modificar; pero tiene que ser desde la aceptación y el amor. Con amor, base de una familia, se logra cambiar lo que sí tiene remedio y aceptar lo que no se puede cambiar, y reconocerlo.

Un problema de rencor o de actitud negativa se puede cambiar con amor y generosidad; una dislexia o un problema de aprendizaje no se pueden borrar, pero pueden mejorar con amor y comprensión.

La forma en que somos, en que procesamos la información, así como nuestra personalidad, es lo que nos conforma como seres humanos; pero la manera como actuemos, como nos desempeñemos, depende exclusivamente de cada uno de nosotros, seamos jóvenes o adultos.

Nosotros, desde la adolescencia, tenemos la capacidad de tomar decisiones, y en ese "vivir la vida", aprendemos la consecuencia de cada una de nuestras decisiones. Llega un punto en la vida en el que ya no se puede culpar a los demás de las propias decisiones o acciones, ya sean buenas o malas; pero de mí sí depende la decisión que tome acerca de cada una de las experiencias que me tocó vivir y sacar o no provecho de ellas, aún desde mis más tiernos años. Aquí incluyo para los padres de familia que, con errores o aciertos, hicieron lo que pudieron en su momento y como mejor creyeron hacerlo. Eso no quiere decir que excluyo la muy importante actuación de los padres como centro, columna y dirección de la familia; es su responsabilidad dar lo mejor. Pero, lo que para los padres fue una decisión que pensaron asertiva, a veces no fue la correcta. Seguimos trabajando a base de ensayo y error, igual que los niños.

En familia y con amor, se pueden modificar nuestras decisiones y actitudes para ganar crecimiento, madurez y éxito en las metas a corto y mediano plazo. En familia, con solidaridad, es más fácil encontrar ese impulso que se necesita para mejorar, para lograr el cambio en lo que sí se pueda actuar, porque qué más satisfacción que dar lo mejor para tu familia. Tu gran tesoro.

Como hijo, tampoco puedo seguir culpando a mis padres de todo, tampoco puedo culpar ni a mis compañeros ni a mis maestros. En mí, en mi actitud y cómo tomo las cosas, buenas o malas, y la actitud que le precede, es mi responsabilidad.

Ésta es la parte más difícil de enseñarle a un niño. Poco a poco tiene que aprender a aceptar, en una primera instancia sus errores y fracasos; que ésos, dependiendo de cómo nosotros los veamos, positivamente como aprendizajes y cómo reaccionemos, es cómo un niño va a aprender a no tener miedo de equivocarse, y reconocer en dónde estuvo su error.

Al comenzar primero consigo mismo, con sus errores, aprende a aceptar los de los demás. No va a ser tan duro al juzgar a los otros, y por ende, va a ser una persona más flexible con los errores de los demás. Es una reacción que se puede ir modificando, ya que viene desde lo más íntimo de cualquier ser humano: partir de uno mismo para llegar a los demás. Todo aprendizaje viene en el ser humano primero, antes de todo, de lo que siente él mismo, cuáles son sus necesidades y de ahí parte a la adaptación y a lo que le rodea. Entonces, al enfrentar sus equivocaciones, también aprende a no tener necesidad de echar la culpa a los demás de sus propios errores. Así no hay excusas para evadir la responsabilidad si aprendes a aceptar tus fallas.

Suena muy bonito, pero como siempre les digo a mi familia y a mis alumnos ante cualquier dilema o nuevo comienzo: "simplifica y acertarás".

Si quieres cambiar hábitos educativos, actitudes, etc. es importante ir despacio, uno a la vez. Si lo que queremos es cambiar un hábito educativo para mejorar la dinámica en casa, es importante, primero, escoger cuál es el más urgente; planea cómo lo vas a hacer y proponte llevarlo a cabo todos los días para establecer una rutina.

Igualmente pasa con el cambio de actitud, si quiero ver un cambio de comportamiento en mi hijo, primero tengo que trabajar en mi persona, ¿qué lo detona?, ¿qué quiero?, ¿cómo lo preveo?

Hay momentos en que nuestra actitud tiene un peso más importante que la misma acción de un hijo. Si cambiamos de actitud, buscamos cualquier momento para reforzar el cambio, no siempre con el éxito que queremos, pero a base de intentar e intentar, haremos un cambio en nosotros y, por ende, en nuestra familia o alumnos, ya que enseñamos más con acciones que con palabras.

En un principio, suele ser difícil hacer tantos cambios, pero siempre hay más oportunidades para demostrar que la próxima vez tendré éxito en el cambio que quiero lograr. Al final del día, puedes llevar un *score* de quién van ganando, si los viejos hábitos o los nuevos.

Al final, la meta es tu familia. ¿Cómo quieres que sea?

Cuentos que Ayudan a ver la Terapia como un Aliado

Las dos palomas[17]

En un parque maravilloso, junto a un gran estante, vivían dos palomas muy contentas de pasar sus días al pie de una gran estatua dorada. Eran tan felices que solo se les escuchaba decir cucurucú todo el día.

—¿Has escuchado a las palomas platicar?

—¿Qué sonido hacen?

—¿Vuelan? ¿Cómo crees que hacen las palomas al volar?

—¡Muy bien! Moviendo sus alas con gracia.

Un buen día, la paloma muy orgullosa puso dos huevitos dentro del nido. Estaban tan emocionados porque pronto serían papás. Estaban llenos de felicidad.

El futuro papá, sobrevolaba el parque buscando buena comida para su paloma, y ella, muy contenta, empollaba los dos huevitos, esperando con ansia el gran día en el que nacerían sus polluelos.

No pasó mucho tiempo, cuando un día, la paloma sintió como uno de sus huevos se movía ligeramente. Afortunadamente, el papá acababa de regresar con comida para la mamá.

Con gran emoción observaban y observaban cómo se iba moviendo un poco más el huevo hasta lograr hacer una pequeña grieta, en ese momento, también comenzó a moverse el otro huevo, ¡qué emoción! ¡Por fin estaban por nacer los polluelos!

Con mucho esfuerzo, salieron de su cascarón, dos polluelos, con dos ojos cada uno, un pico cada quien, dos alas todavía pequeñas, y sus dos patas perfectas.

Todo fue un gran acontecimiento para los otros animalitos del parque que ya estaban muy encariñados con las dos palomas.

Así que ardillas, ruiseñores y abejas pasaron a saludarlos y a conocer a los dos nuevos polluelos.

Los días pasaron, los polluelos fueron creciendo cada día más hasta convertirse en pichones con plumas nuevas, casi a punto de probarlas en su primer vuelo.

El famoso día del primer vuelo de los pichones llegó. Los papás, muy emocionados, les explicaron qué era lo que tenían que hacer: "extiende tus alas, primero las agitas hacia arriba y luego hacia abajo y suéltate de la rama, todos pueden"

El primer polluelo, con mucho miedo, se acercó a la rama que sobresalía de su nido para quedar en la orilla. Con su corazón latiendo a mil por hora, comenzó su primer intento... movió sus alas, miró hacia arriba y se soltó de la rama.

Con mucho trabajo alcanzó a volar un poco, pero la fuerza de sus alas no fue lo suficiente y descendió un poco abruptamente, pero a salvo en el piso.

Entonces, fue el momento del segundo polluelo de intentarlo. Así que colocándose en la misma rama, agitando sus alas de arriba hacia abajo y mirando arriba al cielo, se soltó pero no logró alzar el vuelo y cayó al suelo con gran peligro de dañar sus alas.

Rápidamente, los papás palomos volaron hasta donde estaba su polluelo para cerciorarse de que estaba bien. Cuando comprobaron que no se había lastimado, lanzaron un gran suspiro de alivio.

Pero el polluelo, asustado, no quiso volverlo a intentar, sentía que era incapaz de volar y sintió que era algo muy difícil para él.

Así que, con mucho cariño, las dos palomas buscaron al gorrión, un maestro especialista en vuelo. Justo en el cerezo del parque vivía un gorrión que tenía un taller para ayudar a los polluelos que tenían dificultades para volar.

Con miedo y preocupación, aceptó el polluelo ir con el gorrión. Así que caminó despacio junto a su mamá hasta el árbol donde el gorrión los esperaba, ya preparado.

Para su sorpresa, el gorrión era muy amable y alegre, y la clase de vuelo fue muy divertida, aunque fue el mismo gorrión quien le explicó que era normal tener miedo después de una caída, pero que poco a poco, con práctica, iba a lograr volar.

Eso sí, le prometió que iba a aprender a volar pero no en un solo día, sino poco a poco, siguiendo su propio ritmo y conforme se sintiera capaz de lograrlo. Para el polluelo fue una preocupación menos saber que como él, había otros polluelos practicando lo mismo y que no era el único con este problema.

Conforme pasaron las prácticas, sintió más confianza en sus habilidades y comenzó a ver resultados; eso sí, su hermano polluelo era ya un volador experto y él todavía no, pero sabía, gracias a la experiencia del gorrión y sus enseñanzas, que a su propio tiempo iba a lograr volar bien.

Con el tiempo, al polluelo se le cumplió su deseo de volar, lo que le permitió aprender otras cosas nuevas que ocurrían en el hermoso jardín del parque. Cabe decir que sus papás estaban muy orgullosos de sus dos polluelos, así como los demás animalitos del parque, que muy contentos, seguían las nuevas aventuras de los pichones día a día.

Me llamo Luis y odio leer[18]
(Cuento para un Adolescente)

Me levanto todas las mañanas con una pereza gigante, que hasta para abrir los ojos me duelen los párpados. No creo que sea un síntoma común en los muchachos de 12 años como yo, sin embargo, no lo puedo evitar. Todas las mañanas es la misma rutina, me visto y bajo a desayunar tratando de pasar desapercibido en la casa, y en cuanto mi papá sube al auto, me subo, callado, sin siquiera mirarle la cara.

Ya no recuerdo cuándo fue la última vez que platicamos o simplemente pasamos tiempo juntos. Lo odio, realmente lo odio. Ya no hablamos. Ni siquiera habla con mi madre, ni con mi hermana. Solo se queja, todo es malo, nada es suficiente y nada de lo que yo pueda hacer lo hace feliz. Simplemente dejó de estar con la familia.

Por fin, llegamos a la escuela, bajo rápido para evitar que mi sola presencia le desagrade y me diga alguna estupidez, como siempre.

En la escuela, tengo que asistir a clase con esa profesora que huele a rancio, y ahí está, ese Juan Carlos que lo tiene todo, con su sonrisa y su estilo de niño feliz. Justo a la profesora se le ocurre pedirme que lea en voz alta la tarea, y al empezar a leer, me equivoco y me pongo muy nervioso, siento cómo sudan mis manos mientras aprieto el papel para evitar temblar y mi boca se reseca en mi intento de leer correctamente, no puedo, sigo equivocándome y mejor decido fingir que no la terminé y me siento nuevamente, mientras mascullo una disculpa por mi tarea incompleta. Juan Carlos levanta la mano y lee correctamente toda su tarea; en el cambio de clases, le quito la sonrisita de baboso que tiene.

Cuando por fin llega el recreo, salgo a cumplir mi promesa con Juan Carlos, haciéndolo tropezar, finjo que no lo veo y le piso la mano. Mi mente estalla de júbilo y coraje. ¿Por qué se deja y nunca responde? No entiendo, ya está igualito a mi mamá, que todo se deja, nunca responde, aunque mi papá le habla peor que a un enemigo ¿qué tengo que hacer para que responda?

En la oficina del director vuelve a llegar mi mamá, llora suplicando que me den otra oportunidad, creo que, ahora sí, mi papá no va a estar nada contento, porque una cosa es que yo sea muy hombrecito y no me deje de nadie, como dice él, y otra cosa es que me expulsen por problemas de conducta. Se me va a armar la gorda.

Increíble, el Director me dio una última oportunidad, sólo que para ésta tengo que ir con la psicóloga del colegio dos veces por semana, a las siete en punto. Bueno, a ver qué creen que pueden sacarme, ya de psicólogos, tratamientos y terapias estoy harto.

Al siguiente miércoles toco la puerta con los nudillos para avisar que ya llegué a mi cita con la Dra. Vera. Qué suerte tuve de que anoche mi papá no llegara temprano del trabajo, ya ni se enteró de lo cerca que estuve de darle gusto, como el idiota que siempre cree que soy. Me deja pasar y encuentro un área confortable, pero no voy a doblegarme. Tiro mi mochila y me echo en la silla del fondo. La Dra. No sabe con quién está tratando. Me invita a realizar un familiograma, con muñequitos de las cajas que tiene en la mesa, no puedo creer que piense que así va a poder ver algo conmigo o conocerme siquiera, y mucho menos con juguetitos de niños pequeños. Qué tarados son todos.

Al terminar de cumplir con lo que me pide, comienza a preguntarme cosas personales de mi familia, me cuestiona qué siento sobre mi elección de personajes, y es que al final de mucho tiempo, por fin escogí una muñeca ciega para colocarla como mi mamá, un gusano para mi hermana y a un superhéroe desmembrado para representar a mi papá. Seguro que con esto la espanto. En cambio, a ella la veo muy tranquila, ni se espanta ni se inmuta. ¿Pues qué tendrá? a lo mejor es de cartón la doctora. Por el contrario, comienza a dirigir su atención y a cuestionar cómo me veo yo en todo esto, qué es una familia para mí, y lo peor de todo es que siento coraje al irle respondiendo, la cabeza me duele y al platicar no puedo evitar que algunas lágrimas se me salgan por los ojos. Y es que, después de todo, mi enojo lleva mucho tiempo tratando de salir y no sé cómo hacerlo. Le explico a la doctora que yo solo quiero a mi papá completo y tranquilo, y a mi mamá en paz, pero no encuentro todas las palabras para darme a entender sin sonar tonto. Eso, ya no quiero sonar como tonto, sentirme como tonto, ni fingir lo que no soy. Sin embargo, la doctora sí encuentra las palabras, y me invita a darle nombre a lo que siento por dentro, y por primera vez en mucho tiempo sé que alguien me escucha, me entiende y no me califica ni me juzga. Lloro como nunca lo había hecho. Siento que la pena que me invade se deshace un poco. Me desahoga librarme de todo lo que siento y, por primera vez no me siento cansado, siento que poco a poco las cosas pueden ir mejorando. La doctora no es tan mala. Estoy seguro de que la siguiente vez que venga, lo voy a hacer con mucho mejor humor, que el de hoy en la mañana. A final de cuentas, el director le atinó a algo.

Asisto a clases y la maestra no me acelera, ni Juan Carlos me irrita y paso un día tranquilo, dejo de sentir que odio a todo el mundo. Pero falta la prueba de llegar a casa, eso sí que me pone nervioso, sin embargo, recuerdo lo que me dijo la doctora, respira, aprieta todo el cuerpo y suéltalo al exhalar.

Llego a casa como si nada, pido permiso para descansar un rato en mi cuarto y ahí realizo mis ejercicios de relajación. Mi padre llega a casa y aunque llega cansado y malhumorado, como siempre, yo decido bajar y platicar con él sobre lo que quiero en nuestra relación, decido dar el primer paso. Mi padre me escucha y no dice nada. Aunque lo siento como un golpe bajo, tengo que reconocer que no se enojó conmigo cuando le conté lo que le hice a Juan Carlos, ni cuando el director amenazó con expulsarme. Creo que ahora lo vi un poco más viejo, no tan grande como antes. Creo que a fin de cuentas él tampoco sabe qué hacer, ni cómo arreglar las cosas. Pero igual encuentra el modo y decide regresar a ser un mejor padre. Ayudo a mi mamá a servir la comida y siento su mano en mi pelo a modo de agradecimiento mudo. Poco a poco vamos a mejorar. Por fin veo claro. Respiro y veo que el mundo no se colapsa.

Es muy normal no saber cómo manejar las situaciones que nos abruman, nos desesperan y desorientan. Lo que es muy importante es tener en claro que siempre podemos mejorar, buscar ayuda y reorganizar nuestros sentimientos. Vivir con enojo no es vivir, es sobrellevar el día dejando el corazón en trozos.

Si tú eres uno de estos casos o tus emociones no te dejan vivir en paz, para buscar ayuda, te recomiendo hablar con un experto o con alguien de confianza, o si lo prefieres, también puedes buscar ayuda en línea: www.doctorayuda.com www.psicoterapeutasdeenlace.com

En muchas ocasiones, a los problemas de aprendizaje se le pueden sumar problemas emocionales y frustración. El apoyo no solamente es para un solo aspecto del niño, hay que abarcar el aspecto emocional también, así como la dinámica familiar.

NOTAS

[1] Alicia Flores López. Psicóloga, Psicoterapeuta Humanista. Centro de Diagnóstico y Rehabilitación Neuropsicopedagógica, S.C.Clínica. Especialista en Neuropsicología Clínica, p. 4

[2] Lic. Veronica Ruiz psicóloga clínica, p. 5

[3] Lic. Veronica Ruiz psicóloga clínica, p. 6

[4] fundacioncadah.org www.psicologia-online.com , p. 6

[5] Lic. Veronica Ruiz psicóloga clínica, p. 6

[6] Lic. Veronica Ruiz psicóloga clínica, p. 8

[7] Monster Inc, Walt Disney Pictures Pixar Animation Studios, 2001, p. 12

[8] Psicoterapeuta de aprendizaje, p 13

[9] www.webconsultas.com, p. 15

[10] Grupo Julia Borbolla. Psicología Integral. www.juliaborbolla.com, p. 21

[11] Psicóloga clínica. Especialidad Yolopatli, p. 29

[12] Asociación Española de Terapia de Juego, p. 30

[13] Martha Alicia Chávez. (2004) *Tu hijo, tu espejo*. México: Editorial Grijalbo Mondadori, p. 31

[14] John K. Rosmond. (2009) *Porque lo mando yo*. México: Editorial Libra, p. 36

[15] Taller de Inteligencia Emocional. Descubre tus Colores Internos. © Todos los derechos reservados, p. 39

[16] Davis® Latinoamerica, Davis® Dyslexia Association International®, p. 44

[17] Katherine Aranda Vollmer. (2018) Las dos palomas. México.

[18] Katherine Aranda Vollmer. () Me llamo Luis y odio leer. México.